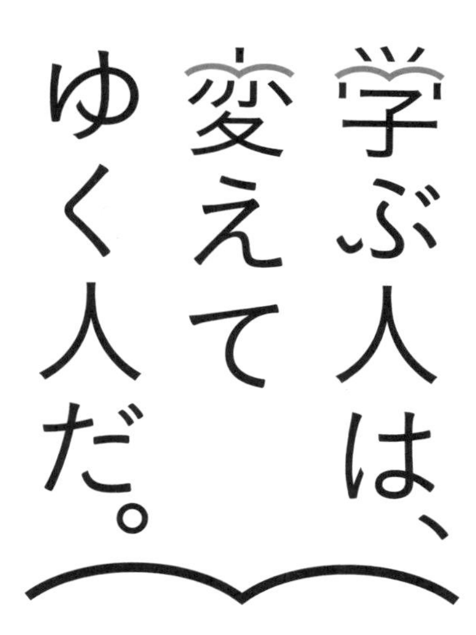

目の前にある問題はもちろん、

人生の問いや、社会の課題を自ら見つけ、

挑み続けるために、人は学ぶ。

「学び」で、少しずつ世界は変えてゆける。

いつでも、どこでも、誰でも、

学ぶことができる世の中へ。

旺文社

小学校の算数のだいじなところがしっかりわかるドリル

旺文社

もくじ

編集協力：有限会社マイプラン
装丁イラスト：日暮真理絵
デザイン：小川 純（オガワデザイン），福田敬子（ボンフエゴ デザイン）
校正：三宮千抄，小口諒子，下入佐真

本書の特長と使い方

要点まとめ 図やイラストでイメージしながらまるごと復習！

＼重要!／

重要マークがあるところは中学の学習でも重要な内容です。演習もあるので取り組んでみましょう。

②章 変化と関係

学習日 月 日

17 比例②

＼重要!／ →P.60〜61の問題も解いてみよう!

要点まとめ 解答▶別冊P.13

比例

比例の性質 三角形の面積は，底辺×高さ÷２で求められるね

(1) 三角形の底辺を$x$cm，高さを6cmとするときの，面積を$y$cm^{2}とする。このとき，xとyの数量の変わり方をまとめると，下の表のようになる。

底辺x(cm)	1	2	3	4	5
面積y(cm^2)	①	②	③	④	⑤

この表より，底辺の長さが2倍，3倍，…になると，

それにともなって面積も⑥ 倍，⑦ 倍，…になっている。

このようなとき，面積yは底辺xに⑧ するという。

(2) yがxに比例するとき，xの値が0.5倍，1.5倍になると，それにともなってyの値も⑨ 倍，⑩ 倍となる。

0.5倍 1.5倍

個数x(個)	1	2	3	4	5
値段y(円)	50	100	150	200	250

(3) yがxに比例するとき，xの値が$\frac{3}{4}$倍，$\frac{5}{4}$倍になると，それにともなってyの値も⑪ 倍，⑫ 倍になる。

$\frac{3}{4}$倍 $\frac{5}{4}$倍

時間x(分)	1	2	3	4	5
きょりy(m)	300	600	900	1200	1500

比例の式

(4) yがxに比例するとき，xの値でそれに対応するyの値をわった商は，いつも決まった数になる。

×・÷のいずれか

この関係を，yをxの式で表すと，y＝決まった数⑬ xと表される。

比例のグラフ

(5)【比例のグラフの書き方】

1. 横軸に書かれた値をxの値，縦軸に書かれた値をyの値として，点をとる。
2. 0の点と，とった点を直線でつなぐ。

比例する２つの数量の関係を表すグラフは，右の図のように直線になり，0の点を通る。

(6) 比例のグラフから，xの値やyの値を読み取ることができる。右のグラフのように，

xの値が0.5のときのyの値は⑭，

xの値が4のときのyの値は⑮，

yの値が6のときのxの値は⑯ となる。

(7) 右のグラフについて，xの値が１増えると，yの値は⑰ 増える。

これは，x＝⑱ のときのyの値と等しくなっている。

中学では どうなる?

- yがxに比例するという関係を，aを決まった数として，$y=ax$という式に表して考えるよ。
- 点Aのような，グラフ内の点の位置を座標というよ。
- 点AをA(1, 2)と書き，1を点Aのx座標，2をAのy座標というよ。
- 右のグラフのように，xやyが0より小さい数(負の数)の場合や，決まった数が負の数の場合も考えるよ。

中学では どうなる?

小学校で学習した内容が，中学でどう発展していくのかを紹介しています。

問題を解いてみよう! 重要マークがある単元は，演習問題でしっかり定着!

② 章 変化と関係 17 比例②

学習日 月 日

問題を解いてみよう! 解答▶別冊P.13

1 たろうさんは分速80mで歩いています。このとき，次の問いに答えなさい。

(1) x分歩いたときの進む道のりをymとして，xとyの数量の変わり方を下の表にまとめなさい。

時間x(分)	1	2	3	4	5	6
道のりy(m)	[ ]	[ ]	[ ]	[ ]	[ ]	[ ]

(2) (1)の表について，xの値が5から2になると，それに対応するyの値は何倍になりますか。 [ ]

(3) (1)の表について，xの値が3から5になると，それに対応するyの値は何倍になりますか。 [ ]

(4) 道のりyは時間xに比例しますか。「比例する」「比例しない」のいずれかで答えなさい。 [ ]

(5) yをxの式で表しなさい。 [ ]

(6) 歩いた時間が8分のときの道のりは，歩いた時間が2分のときの道のりの何倍ですか。 [ ]

(7) 歩いた時間が8分のときの道のりを求めなさい。 [ ]

2 縦の長さを4cm，横の長さを$x$cmとしたときの長方形の面積を$y$cm^{2}とします。次の問いに答えなさい。

(1) yをxの式で表しなさい。 [ ]

(2) xとyの数量の変わり方を下の表にまとめなさい。

横の長さx(cm)	1	2	3	4
面積y(cm^2)	[ ]	[ ]	[ ]	[ ]

(3) (2)の表について，xとyの値の組を右のグラフに表しなさい。

(4) (3)の点を通る直線をひきなさい。

(5) 面積yは横の長さxに比例しますか。「比例する」「比例しない」のいずれかで答えなさい。 [ ]

(6) xの値が2.5のときのyの値を求めなさい。 [ ]

(7) yの値が14になるときのxの値を求めなさい。 [ ]

本書は，小学校の内容をまるごと復習し，
さらに中学の学習にもつながる重要なところは問題演習まで行うことで，
中学の学習にスムーズに入っていけるよう，工夫されたドリルです。

完成テスト

完成テストで定着度とのびしろを確認！

完成テスト

得点 ／100　学習日 月 日

解答・解説▶別冊 P.28

1 次の計算をしなさい。（1つ4点×7）

(1) 476 + 824　[　　　]

(2) 3040 − 1855　[　　　]

(3) 1020 ÷ 85　[　　　]

(4) 0.8 × 0.6　[　　　]

(5) $\frac{1}{2}+\frac{2}{3}-\frac{1}{6}$　[　　　]

(6) $\frac{7}{10}\div\frac{5}{8}$　[　　　]

(7) 45 × 18 + 55 × 18　[　　　]

140

2 次の問いに答えなさい。（1つ4点×6）

(1) 45981 を四捨五入して上から3けたのがい数に表しなさい。　[　　　]

(2) ジュースが600mLあり，xmL飲んだときの残りの量をymLとします。xとyの関係を表す式を求めなさい。　[　　　]

(3) 姉と妹で折り紙の枚数が7：6の割合になるように分けます。折り紙の枚数が91枚のとき，分けたあとの妹の枚数は何枚ですか。　[　　　]

(4) 午後4時45分の40分後の時刻を求めなさい。　[　　　]

(5) 300円のペンケースを20%びきで買うときの代金を求めなさい。　[　　　]

(6) 600mの道のりを8分間で歩くときの分速を求めなさい。　[　　　]

3 下のデータはたまご6個の重さです。このとき，次の問いに答えなさい。（1つ4点×2）

62g　59g　60g　64g　59g　62g

(1) このたまご6個の平均の重さを求めなさい。　[　　　]

(2) たまごが30個あるとき，合計の重さは何gと考えられますか。(1) の値を用いて求めなさい。　[　　　]

141

＼とりはずせる／

別冊 解答解説

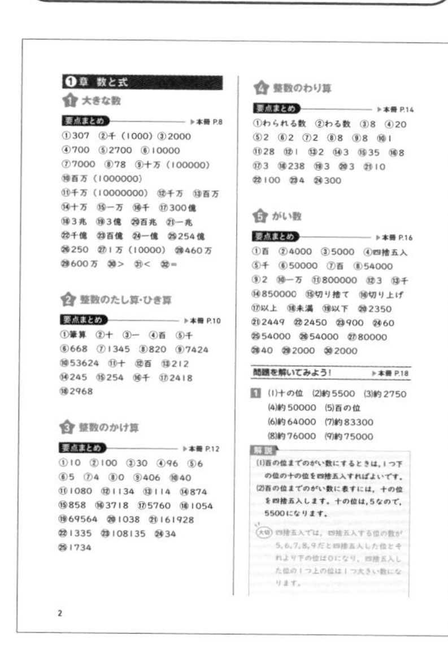
1章 数と式

1 大きな数

要点まとめ ▶本冊 P.8

①307 ②千（1000）③2000 ④700 ⑤2700 ⑥10000 ⑦7000 ⑧78 ⑨十万（100000） ⑩百万（1000000） ⑪千万（10000000） ⑫千万 ⑬百万 ⑭十万 ⑮一万 ⑯千 ⑰300億 ⑱3兆 ⑲3億 ⑳百兆 ㉑一兆 ㉒千億 ㉓百億 ㉔一億 ㉕254億 ㉖250 ㉗1万（10000） ㉘460万 ㉙600万 ㉚> ㉛< ㉜=

2 整数のたし算・ひき算

要点まとめ ▶本冊 P.10

①筆算 ②十 ③一 ④百 ⑤千 ⑥668 ⑦1345 ⑧820 ⑨7424 ⑩53624 ⑪十 ⑫百 ⑬212 ⑭245 ⑮254 ⑯千 ⑰2418 ⑱2968

3 整数のかけ算

要点まとめ ▶本冊 P.12

①10 ②100 ③30 ④96 ⑤6 ⑥5 ⑦4 ⑧0 ⑨406 ⑩40 ⑪1080 ⑫1134 ⑬114 ⑭874 ⑮858 ⑯3718 ⑰5760 ⑱1054 ⑲69564 ⑳1038 ㉑161928 ㉒1335 ㉓108135 ㉔34 ㉕1734

4 整数のわり算

要点まとめ ▶本冊 P.14

①わられる数 ②わる数 ③8 ④20 ⑤2 ⑥2 ⑦2 ⑧8 ⑨8 ⑩1 ⑪28 ⑫1 ⑬2 ⑭3 ⑮35 ⑯8 ⑰3 ⑱238 ⑲3 ⑳3 ㉑10 ㉒100 ㉓4 ㉔300

5 がい数

要点まとめ ▶本冊 P.16

①百 ②4000 ③5000 ④四捨五入 ⑤千 ⑥50000 ⑦百 ⑧54000 ⑨2 ⑩一万 ⑪800000 ⑫3 ⑬千 ⑭850000 ⑮切り捨て ⑯切り上げ ⑰以上 ⑱未満 ⑲以下 ⑳2350 ㉑2449 ㉒2450 ㉓900 ㉔60 ㉕54000 ㉖54000 ㉗80000 ㉘40 ㉙2000 ㉚2000

問題を解いてみよう！ ▶本冊 P.18

1 (1)十の位 (2)約5500 (3)約2750 (4)約50000 (5)百の位 (6)約64000 (7)約83300 (8)約76000 (9)約75000

解説

(1)百の位までのがい数にするときは，1つ下の位の十の位を四捨五入すればよいです。

(2)百の位までのがい数に表すには，十の位を四捨五入します。十の位は，5なので，5500になります。

大切 四捨五入では，四捨五入する位の数が5，6，7，8，9だと四捨五入した位とそれより下の位は0になり，四捨五入した位の1つ上の位は1つ大きい数になります。

2

「要点まとめ」の穴うめ問題の答えと，「問題を解いてみよう！」「完成テスト」の答えと解説は別冊にのっています。答え合わせまでしっかりやりましょう。

のびしろチャート

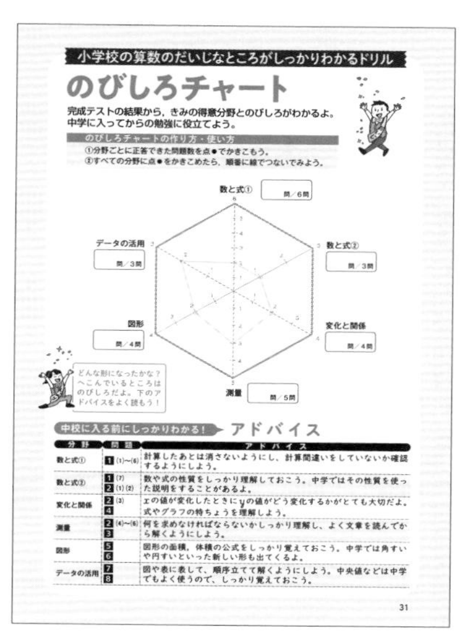
小学校の算数のだいじなところがしっかりわかるドリル

のびしろチャート

完成テストの結果から，きみの得意分野とのびしろがわかるよ。
中学に入ってからの勉強に役立てよう。

のびしろチャートの作り方・使い方

①分野ごとに正答できた問題数を点●でかきこもう。
②すべての分野に点●をかきこめたら，順番に線でつないでみよう。

中学に入る前にしっかりわかる！ アドバイス

分野	問題	アドバイス
数と式①	1 (1)〜(6)	計算したあとは消さないようにし，計算間違いをしていないか確認するようにしよう。
数と式②	1 (7) 2 (1) (2)	数や式の性質をしっかり理解しておこう。中学ではその性質を使った説明をすることがあるよ。
変化と関係	2 (3) 4	xの値が変化したときにyの値がどう変化するかがとても大切だよ。式やグラフの特ちょうを理解しよう。
測量	2 (4)〜(6) 3	何を求めなければならないかしっかり理解し，よく文章を読んでから解くようにしよう。
図形	5 6	図形の面積，体積の公式をしっかり覚えておこう。中学では角すいや円すいといった新しい形も出てくるよ。
データの活用	7 8	図や表に表して，順序立てて解くようにしよう。中央値などは中学でもよく使うので，しっかり覚えておこう。

31

完成テストに取り組み，答え合わせができたら，別冊 p.31 の，「のびしろチャート」を完成させましょう。

学習の見取り図

小学校で学習した内容が，どんな風に中学校での学習につながっていくのかを一覧にまとめました。

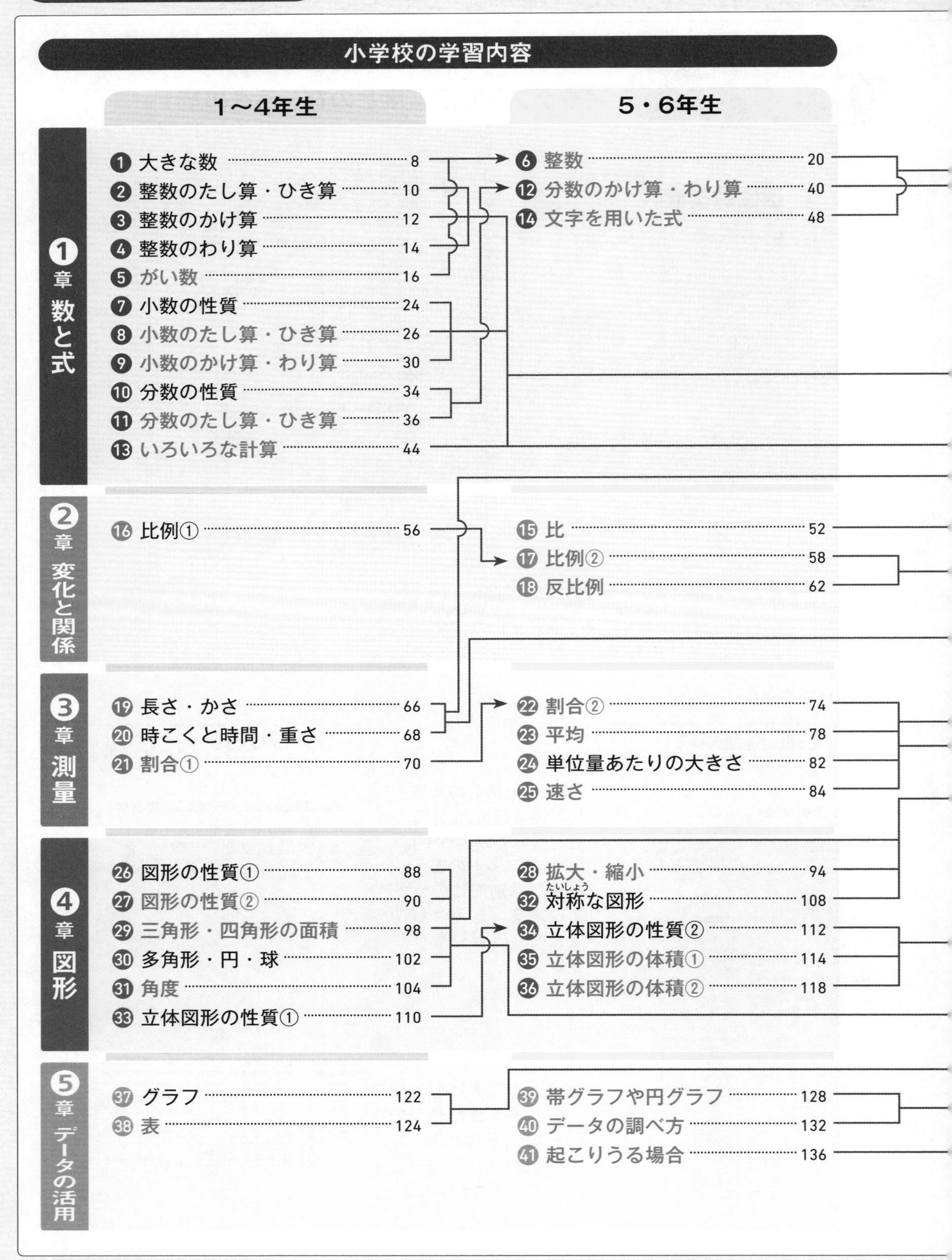

※赤字の部分は『重要!』のページです。

中学校からの学習内容

正の数・負の数

- 正負の数の意味
- 正負の数の計算

負の数は0よりも小さい数のことだよ。

冬の寒い日の気温はマイナス10°Cになったりするよね。

文字を用いた式

- 文字を用いた式の表し方
- 文字を用いた式の加法・減法
- 不等式を用いた表現

中学ではたし算を加法、ひき算を減法というよ。

不等式は>，<などを使った式だよ。

一次方程式

- 方程式の意味
- 一次方程式の解き方
- 一次方程式の利用

中学では方程式の解き方のルールを学んでいくよ。

日常生活のなかで数学がどんな風に役に立つのかを考えることが大切だよ。

比例，反比例

- 関数の意味
- 座標の表し方
- 比例，反比例の特徴
- 比例，反比例の利用

日常生活のなかで，比例するもの，反比例するものを探してみよう。

平面図形

- 図形の移動
- いろいろな図形の作図

中学でも三角定規やコンパスを使うよ。

空間図形

- 空間の位置関係
- 空間図形と平面上の表現
- 体積と表面積

展開図や投影図が出てくるよ。

直線だけでなく，おうぎ形の弧の長さも考えるよ。

データのちらばり

- ヒストグラム
- 代表値とデータの活用
- 起こりやすさと確率

代表値は中学でも出てくるよ。

学習日 月 日

1 大きな数

要点まとめ

解答▶別冊 P.2

大きな数

100より大きい数

(1) 三百七は，数字で ① と書く。

(2) 百を10個集めた数を ② という。100を27個集めた数を数字で書くと，100が20個で ③ になり，100が7個で ④ になるので，⑤ である。

1000より大きい数

(3) 千を10個集めた数を数字で ⑥ と書く。

(4) 7800は ⑦ と800をあわせた数であり，7800は8000より200小さい数であり，7800は100を ⑧ 個集めた数である。

10000より大きい数

(5) 一万を10個集めた数は ⑨ ，

十万を10個集めた数は ⑩ ，

百万を10個集めた数は

⑪ である。

(6) 24579316の位について，それぞれ漢字で答えなさい。

⑫	⑬	⑭	⑮	⑯	百	十	一
の位	の位	の位	の位	の位	の位	の位	の位
2	4	5	7	9	3	1	6

1億より大きい数

(7) 数を10倍すると，**位が1つずつ上がり**，一の位が0の数を10でわると，**位が1つずつ下がる**。

（例）30億を10倍した数は ⑰［　　　］，30億を1000倍した数は ⑱［　　　］，30億を $\frac{1}{10}$ にした数は ⑲［　　　］である。

(8) 407520000000000の位について，それぞれ漢字で答えなさい。

⑳	十兆	㉑	㉒	㉓	十億	㉔	⑫	⑬	⑭	⑮	⑯	百	十	一
の位	の位	の位	の位	の位	の位	の位	の位	の位	の位	の位	の位	の位	の位	の位
4	0	7	5	2	0	0	0	0	0	0	0	0	0	0

(9) 1億を254個集めた数は ㉕［　　　］であり，25億は1000万を ㉖［　　　］個集めた数である。

(10) 1兆は，1億の ㉗［　　　］倍で，1兆は，1万の**1億**倍である。

数の大きさ

(11) 右のような数の線を**数直線**という。めもりの大きさに注目して数直線を使うと，数の並び方などがわかりやすくなる。㋐の値は ㉘［　　　］で，㋑の値は ㉙［　　　］である。

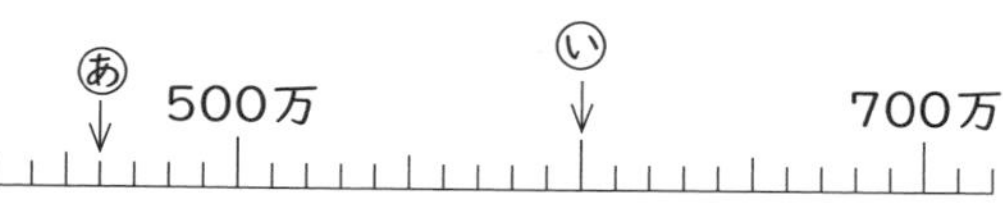

(12) ＝の記号を**等号**といい，>，<の記号を**不等号**という。

㉚～㉜に記号を書こう

（例）2540は2499より大きいことを2540 ㉚［　］ 2499と書く。

7500は12400より小さいことを7500 ㉛［　］ 12400と書く。

170は，120＋50と大きさが同じことを，170 ㉜［　］ 120＋50と書く。

学習日　　月　　日

2 整数のたし算・ひき算

要点まとめ

解答▶別冊 P.2

整数のたし算

★2けたの数のたし算

(1) 2けたの数のたし算は，位ごとに分けて計算する。

(2) 右のような計算のしかたを ① [ ] という。

(3) 一の位の計算の答えが10をこえるときは，② [ ] の位に1くり上げる。

	2	4
+	1	2
	3	6

★3けたの数のたし算

(4) 3けたの数のたし算は，2けたの数のたし算と同じで，③ [ ] の位から順に，位ごとに分けて計算する。

	4	3	5
+	2	2	4
	6	5	9

(5) 十の位の計算の答えが100をこえるときは，④ [ ] の位に1くり上げ，百の位の計算の答えが1000をこえるときは，⑤ [ ] の位に1くり上げる。

(6) 次の筆算をしなさい。

```
  245      516       94
+423     +829     +726
```

⑥ [ ]　⑦ [ ]　⑧ [ ]

★大きい数の筆算

(7) 次の筆算をしなさい。

```
  2345      16734
+5079     +36890
```

⑨ [ ]　⑩ [ ]

整数のひき算

★2けたの数のひき算

(8) 2けたの数のひき算は，位ごとに分けて計算する。

(9) 一の位の計算ができないときは，⑪［　　］の位から1くり下げる。

```
   7 8
 − 5 6
 ─────
   2 2
```

★3けたの数のひき算

(10) 十の位の計算ができないときは，⑫［　　］の位から1くり下げる。

(11) 次の筆算をしなさい。

```
   837        432        500
 − 625      − 187      − 246
 ─────      ─────      ─────
 ⑬[   ]     ⑭[   ]     ⑮[   ]
```

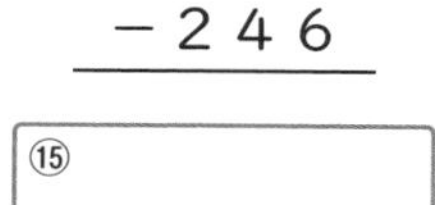

★大きい数の筆算

(12) 百の位の計算ができないときは，⑯［　　］の位から1くり下げる。

(13) 次の筆算をしなさい。

```
   6249        3045
 − 3831      −   77
 ──────      ──────
 ⑰[    ]     ⑱[    ]
```

中学では

どうなる?

● 中学では0より小さい数を−（マイナス）をつけて表すよ。
● これまで習った1, 2, 3, …を正(せい)の整数，−1，−2，−3, …を負(ふ)の整数として，たし算やひき算を考えていくよ。

学習日　　月　　日

3 整数のかけ算

要点まとめ

解答▶別冊 P.2

整数のかけ算

★何十，何百のかけ算

(1) かけ算では，かけられる数が10倍になると，答えは ① [　　] 倍になり，かけられる数が100倍になると，答えは ② [　　] 倍になる。

★2けた×1けた

(2) (例)32×3の計算

③ [　　] と2に分けて考える。③ [　　] ×3＝90で，2×3＝6となる。あわせると32×3の答えは ④ [　　] になる。

(3) 58×7の筆算のしかた

1. 位を縦にそろえて書く。
2. 7×8＝56の ⑤ [　　]（5・6のいずれか）を一の位に書き，⑥ [　　]（5・6のいずれか）を十の位にくり上げる。
3. 7×5＝35の35に，くり上げた ⑥ [　　] をたして，⑦ [　　]（数字を書こう）を百の位，⑧ [　　]（数字を書こう）を十の位に書く。
4. よって，58×7＝ ⑨ [　　] になる。

```
  5 8
×   7
□□□
```

★3けた×1けた

(4) かけられる数が3けたになっても，位ごとに分けて計算すれば，九九を使って答えを求めることができる。

2けたの数をかけるかけ算

(5) 27 × 42の筆算のしかた

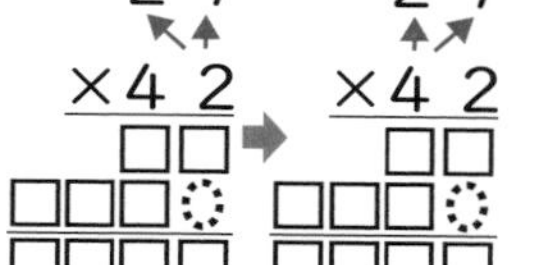

1. かける数の42を ⑩ と2に分けて計算する。
2. 27 × 2 = 54
3. 27 × ⑩ = ⑪
4. たし算をする。54 + ⑪ = ⑫

(6) 次の筆算をしなさい。

```
    38
  ×23
  ----
  ⑬
   76
  ----
  ⑭
```

```
   143
 ×  26
 -----
  ⑮
   286
 -----
  ⑯
```

```
   72
  ×80
  ---
  ⑰
```

大きい数の筆算

(7) 次の筆算をしなさい。

```
    527
  ×132
  -----
  ⑱
  1581
  527
  -----
  ⑲
```

```
    519
  ×312
  -----
  ⑳
   519
  1557
  -----
  ㉑
```

```
    267
  ×405
  -----
  ㉒
  1068
  -----
  ㉓
```

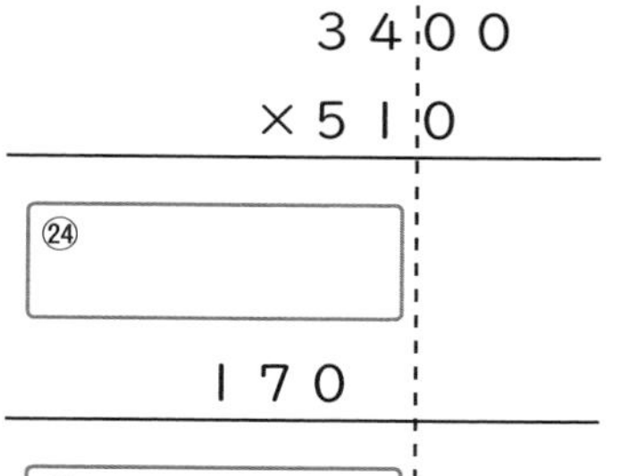

学習日 月 日

整数のわり算

要点まとめ

解答▶別冊P.2

整数のわり算

0や1のわり算

(1) わられる数が0のとき,0でないどんな数でわっても，答えはいつも0になる。また,1でわったときの商は，いつも ① わる数・わられる数 と同じになる。

あてはまるものを○で囲もう

あまりのあるわり算

(2) わり算で，あまりがあるときはわりきれないといい，あまりがないときはわりきれるという。

あてはまるものを○で囲もう

わり算のあまりは, ② わる数・わられる数 より小さくなるようにする。

わる数が1けたのわり算

(3) 80 ÷ 4の計算は,10をもとに考えると,10が ③ ÷ 4 = 2で,2個だから，答えは ④ になる。

(4) 85 ÷ 3の筆算のしかた

```
   2 8
3) 8 5
   6
   2 5
   2 4
     1
```

<十の位の計算>

数字を書こう

・8 ÷ 3で，十の位に商の ⑤ をたてる

・8 ÷ 3 = ⑥ あまり ⑦

<一の位の計算>

・一の位の5をおろす

・25 ÷ 3で，一の位に商の ⑧ をたてる

・25 ÷ 3 = ⑨ あまり ⑩

答えは ⑪ あまり ⑫

(5) 955 ÷ 4の筆算のしかた

```
    2 3 8
 4)9 5 5
   8
   ----
   1 5
   1 2
   ----
     3 5
     3 2
     ----
       3
```

<百の位の計算>

・9 ÷ 4で，百の位に商の ⑬［　　］ をたてる

・9 ÷ 4 = 2あまり1

<十の位の計算>

・十の位の5をおろす

・15 ÷ 4で，十の位に商の ⑭［　　］ をたてる

・15 ÷ 4 = 3あまり3

<一の位の計算>

・一の位の5をおろす

・⑮［　　］ ÷ 4で，一の位に商の ⑯［　　］ をたてる

・35 ÷ 4 = 8あまり ⑰［　　］

答えは ⑱［　　］ あまり ⑲［　　］

わる数が1けたより大きいわり算

(6) 96 ÷ 32の筆算のしかた

```
      3
 3 2)9 6
     9 6
     ----
       0
```

<十の位の計算>

・9 ÷ 32だから，十の位に商はたたない

<一の位の計算>

・わる数の32を30とみて商の見当をつけると商は ⑳［　　］

・⑳［　　］ と32をかける

・96から96をひく

数字を書こう

(7) 210 ÷ 30の計算は，わられる数とわる数をまず，㉑［　　］ でわって計算すると，21 ÷ 3 = 7になる。

(8) 3500 ÷ 800の計算は，わられる数とわる数をまず，㉒［　　］ でわって計算すると，35 ÷ 8 = 4あまり3となり，このあまり3は ㉒［　　］ が3こあるということだから，3500 ÷ 800 = ㉓［　　］ あまり ㉔［　　］ となる。

がい数

要点まとめ

解答▶別冊 P.2

がい数

がい数

(1) 4135は4000に近いので，およそ4000とする。「およそ」のことを「**約**」ともいう。このようなおよその数のことを**がい数**という。

(2) 4000と5000の間の数を「約何千」とがい数で表すとき，①[　　]の位の数字の大きさに注目して，①[　　]の位の数字が，0，1，2，3，4のときは約②[　　　]，5，6，7，8，9のときは約③[　　　]とする。このような方法を④[　　　]という。

がい数の表し方

(3) 54210を一万の位までのがい数にするには，⑤[　　]の位で四捨五入し，約⑥[　　　　]となる。千の位までのがい数にするには，⑦[　　]の位で四捨五入し，約⑧[　　　　]となる。

(4) 846200を上から1けたのがい数にするには，上から⑨[　　]つめの位である⑩[　　　]の位を四捨五入し，約⑪[　　　　]となる。

8	4	6	2	0	0
十万	一万	千	百	十	一

上から2けたのがい数にするには，上から⑫[　　]つめの位である⑬[　　]の位を四捨五入し，約⑭[　　　　]となる。

(5) 四捨五入のほかにがい数にする方法として，たとえば，1000より小さいはした

⑮，⑯にあてはまるものを○で囲もう

の数を大きさに関係なく0とみる「⑮ 切り捨て・切り上げ 」という方法や，1000より小さいはしたの数を大きさに関係なく1000とみる「⑯ 切り捨て・切り上げ 」という方法がある。

数のはんい

(6) 160cmと等しいか，それより長いことを160cm ⑰ という。

160cmより短い（160cmは入らない）ことを160cm ⑱ という。

160cmと等しいか，それより短いことを160cm ⑲ という。

(7) 四捨五入して百の位までのがい数にすると2400になる整数のうち，いちばん小さい数は ⑳ で，いちばん大きい数は ㉑ である。

四捨五入して百の位までのがい数にすると2400になる整数のはんいは，

⑳ 以上 ㉑ 以下と表すことができ，

⑳ 以上 ㉒ 未満と表すこともできる。

がい数を使った計算

(8) 和や差を見積もるときは，がい数にして計算する方法がある。

(9) 910 × 59や78400 ÷ 41などのように，積や商を見積もる場合は，がい数にして計算すると，簡単に見積もることができる。

（例）上から1けたのがい数にして計算する方法

910 × 59は ㉓ × ㉔ = ㉕

で，約 ㉖ となる。

78400 ÷ 41は ㉗ ÷ ㉘ = ㉙

で，約 ㉚ となる。

問題を解いてみよう！

解答▶別冊P.2

1 次の問いに答えなさい。

(1) 3257を百の位までのがい数にするとき，何の位で四捨五入すればよいですか。

[　　　　]

(2) 5453を四捨五入して，百の位までのがい数に表しなさい。

[　　　　]

(3) 2754を四捨五入して，十の位までのがい数に表しなさい。

[　　　　]

(4) 46423を四捨五入して，上から1けたのがい数に表しなさい。

[　　　　]

(5) 98364を上から2けたのがい数にするとき，何の位で四捨五入すればよいですか。

[　　　　]

(6) 63746を四捨五入して，上から2けたのがい数に表しなさい。

[　　　　]

(7) 83258を上から3けたのがい数に表しなさい。

[　　　　]

(8) 75420を1000より小さいはしたの数を切り上げてがい数に表しなさい。

[　　　　]

(9) 75420を1000より小さいはしたの数を切り捨ててがい数に表しなさい。

[　　　　]

2 四捨五入して，百の位までのがい数にすると600になる整数のはんいを，次の２つの言い方で表しなさい。

(1)以上と以下を使って表す場合

[　　　　　　　　]

(2)以上と未満を使って表す場合

[　　　　　　　　]

3 四捨五入して百の位までのがい数にして，答えを見積もりなさい。

(1) 1240 + 880

[　　　　]

(2) 720 + 460 + 125

[　　　　]

(3) 1560 − 670 − 412

[　　　　]

4 四捨五入して上から１けたのがい数にして，答えを見積もりなさい。

(1) 490 × 71

[　　　　]

(2) 19500 ÷ 42

[　　　　]

(3) 68950 ÷ 511

[　　　　]

6 整数

要点まとめ

解答▶別冊 P.3

偶数・奇数

偶数・奇数

(1) 2, 4, 6, 8, …のように, 2でわりきれる整数を ① [　　] という。

整数	
偶数	奇数
0, 2, 4, 6, …	1, 3, 5, 7, …

1, 3, 5, 7, …のように, 2でわりきれない整数を ② [　　] という。

0は ③ [　　] とする。

(2) 16は偶数であり, 2 × ④ [　　] と表すことができる　あてはまる式を書こう

このように, □を整数とすると, 偶数は ⑤ [　　] と表すことができる。

(3) 23は奇数であり, 2 × ⑥ [　　] + 1と表すことができる。このように, □を整数とすると, 奇数は ⑦ [　　] と表すことができる。

あてはまる式を書こう

倍数・約数

倍数と公倍数

(4) 4, 8, 12, 16, 20, 24, …のように, 4に整数をかけてできる数を, 4の ⑧ [　　] という。

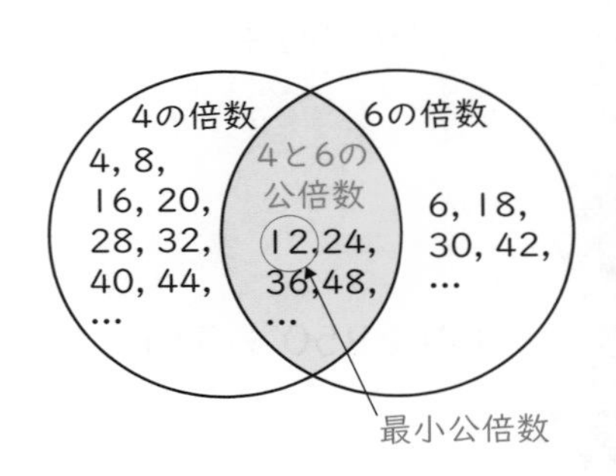

(5) 12, 24, 36, 48, …のように, 4と6の共通な倍数を, 4と6の**公倍数**という。また, 公倍数のうちでいちばん小さい数を ⑨ [　　] という。

(6) 3つ以上の数の公倍数の見つけ方

1. いちばん大きい数の倍数を調べる。
2. それらの数の中で2番めに大きい数の倍数を見つける。
3. それらの見つけた数の中で3番めに大きい数の倍数を見つける。

（例） 2と3と5の公倍数を見つける場合

1. いちばん大きい数である ⑩[　　] の倍数を調べると，
5, ⑪[　　], 15, ⑫[　　], 25, 30, 35, ⑬[　　], 45, 50, 55, 60, …となる。
2. 次に2番めに大きい数である ⑭[　　] の倍数を5の倍数の中から見つけると，
15, ⑮[　　], 45, 60, …となる。
3. 最後にいちばん小さい数である ⑯[　　] の倍数を，2.で見つけた数の中から見つけると ⑰[　　], 60, …となる。よって，2と3と5の最小公倍数は ⑱[　　] である。

約数と公約数

(7) 18は1, 2, 3, 6, 9, 18でわりきれる。このわりきれる数のことを18の ⑲[　　] という。

(8) 1, 3, 9のように，18と27の共通の約数を，18と27の**公約数**という。また，公約数のうちでいちばん大きい数を ⑳[　　] という。

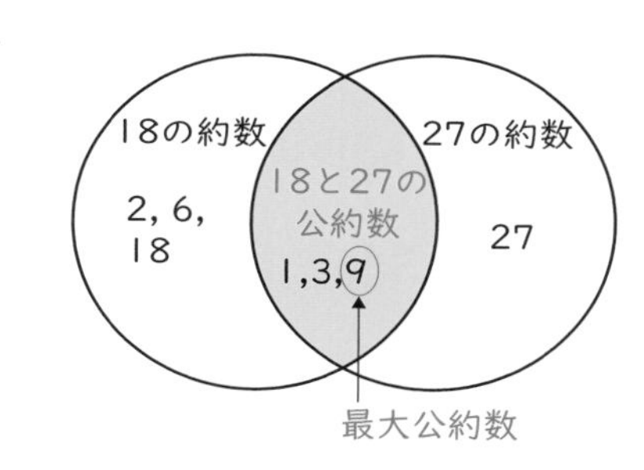

中学では どうなる？

- 奇数を $2n+1$，偶数を $2n$ と表すよ。
- 奇数と奇数をたすと和は偶数になる。これがどんな奇数でも必ず成り立つことを，文字を使って説明するよ。
- 1とその数自身の積でしか表せない整数を**素数**（そすう）というよ。
- 整数を素数でわっていき，整数を素数の積の形で表すことを**素因数分解**（そいんすうぶんかい）というよ。

問題を解いてみよう!

解答▶別冊 P.3

1 次の問いに答えなさい。

(1) 21は偶数(ぐうすう)ですか,奇数(きすう)ですか。

[ ]

(2) 21＝2×□＋1の□にあてはまる整数を求めなさい。

[ ]

(3) 21の倍数を小さいほうから3つ求めなさい。

[ ]

(4) 21の約数をすべて求めなさい。

[ ]

(5) 32は偶数ですか,奇数ですか。

[ ]

(6) 32＝2×□の□にあてはまる整数を求めなさい。

[ ]

(7) 32の倍数を小さいほうから3つ求めなさい。

[ ]

(8) 32の約数をすべて求めなさい。

[ ]

(9) 0は偶数ですか,奇数ですか。

[ ]

2 16と24について，次の問いに答えなさい。

(1) 16と24の公倍数を小さいほうから3つ求めなさい。

[　　　　　　　　]

(2) 16と24の最小公倍数を求めなさい。

[　　　　]

(3) 16と24の公約数をすべて求めなさい。

[　　　　　　　　]

(4) 16と24の最大公約数を求めなさい。

[　　　　]

3 次の（　　）の中にある数の最小公倍数を求めなさい。

(1) (6, 8)　[　　　　]

(2) (5, 6)　[　　　　]

(3) (8, 12)　[　　　　]

(4) (12, 18, 36)　[　　　　]

(5) (9, 21, 27)　[　　　　]

4 次の（　　）の中にある数の最大公約数を求めなさい。

(1) (6, 9)　[　　　　]

(2) (10, 15)　[　　　　]

(3) (9, 18)　[　　　　]

(4) (36, 48)　[　　　　]

(5) (42, 56)　[　　　　]

7 小数の性質

要点まとめ

解答▶別冊P.4

小数

小数の表し方

(1) 1Lを10等分した1個分のかさを，「れい点一リットル」といい，小数では ① ______ Lと書く。

1L

(2) 1.7や0.3のような数を**小数**といい，「.」を ② ______ という。
また，1.7の7や0.3の3のように ② ______ のすぐ右の位を ③ ______ の位，あるいは小数第 ④ ______ という。

1.7

(3) 1dLは $\frac{1}{10}$ Lで，小数では ⑤ ______ Lと表される。また，1mmは $\frac{1}{10}$ cmで，小数では ⑥ ______ cmと表される。

小数の大きさ

(4) 右のような数直線において，1めもりの大きさは ⑦ ______ なので，小数で表すと，㋐の値は ⑧ ______ で，㋑の値は ⑨ ______ である。

0　㋐　1　㋑　2

数直線を見ると，㋑の値のほうが㋐の値よりも数直線の右側にあるので，
㋐の値と㋑の値で大きいのは ⑩ ______（㋐・㋑のいずれか）である。また，㋐の値は0.1が ⑪ ______ 個分の数であり，㋑の値は0.1が ⑫ ______ 個分の数であることからも，⑬ ______（㋐・㋑のいずれか）のほうが大きいことがわかる。

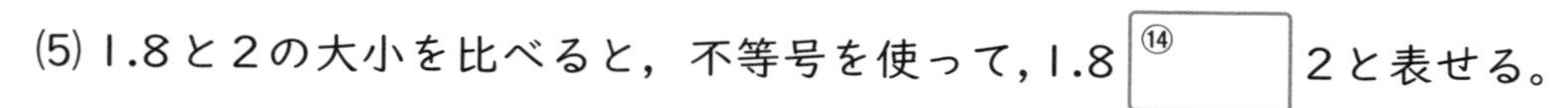

(5) 1.8と2の大小を比べると，不等号を使って，1.8［⑭］2と表せる。

0.1より小さい数

(6) 0.1Lの $\frac{1}{10}$ を「れい点れいーリットル」といい，小数では［⑮］Lと書く。

(7) 0.1Lより少ないかさは，0.1Lを10等分した［⑯］Lをもとにして，［⑯］Lが何個分あるかで表すことができる。

(8) 0.01Lの $\frac{1}{10}$ を「れい点れいれいーリットル」といい，小数では［⑰］Lと書く。

(9) 小数を使うと，1つの単位で量を表すことができる。

(例)3km543mを，kmの単位で表すことを考える。

100mは1kmの $\frac{1}{10}$ なので，［⑱］kmとなるから，500mは［⑲］kmと表すことができる。

10mは0.1kmの $\frac{1}{10}$ なので，［⑳］kmとなるから，40mは［㉑］kmと表すことができる。

1mは0.01kmの $\frac{1}{10}$ なので，［㉒］kmとなるから，3mは［㉓］kmと表すことができる。

よって，3km543mは［㉔］kmと表すことができる。

(10) 0.2561の位について，それぞれ答えなさい。

一	$\frac{1}{10}$	㉕	㉖	㉗
の位	の位	の位	の位	の位
0	.2	5	6	1

8 小数のたし算・ひき算

重要! ➡P.28〜29の問題も解いてみよう!

要点まとめ

解答▶別冊 P.5

小数のたし算

小数のたし算

(1) 0.4＋0.8の計算は，0.1をもとにして4＋8の計算で考えると，0.1が12個なので，

答えは ① ［　　］ となる。

(2) 小数第二位までの小数のたし算の筆算

(例) 1.46＋3.71の計算

$$\begin{array}{r} 1.46 \\ +3.71 \\ \hline \square.\square\square \end{array}$$

1. 位ごとに分けて考えると，1.46は一の位が ② ［　　］，$\frac{1}{10}$ の位が ③ ［　　］，$\frac{1}{100}$ の位が ④ ［　　］ である。
2. 3.71は一の位が ⑤ ［　　］，$\frac{1}{10}$ の位が ⑥ ［　　］，$\frac{1}{100}$ の位が ⑦ ［　　］ である。
3. 1.46＋3.71はあわせて，一の位が5，$\frac{1}{10}$ の位が ⑧ ［　　］，$\frac{1}{100}$ の位が ⑨ ［　　］
4. 1.46＋3.71の答えは ⑩ ［　　］ となる。

(3) 小数第三位までの小数のたし算の筆算

(例) 0.483＋0.217の計算

$$\begin{array}{r} 0.483 \\ +0.217 \\ \hline \square.\square\square\square \end{array}$$

1. 位をそろえて書く。
2. 整数と同じように計算する。

   483＋217＝ ⑪ ［　　］ となる。
3. 上の小数点にそろえて答えの小数点をうつ。
4. 0.483＋0.217の答えは ⑫ ［　　］ となる。

   このとき，小数点より右のはしに0がある場合は，0を消す。

小数のひき算

小数のひき算

(4) 0.7 − 0.2の計算は，0.1をもとにして7 − 2の計算で考えると，0.1が5個なので，

答えは ⑬[ ] となる。

(5) 小数第一位までの小数のひき算の筆算

(例)6.8 − 3.9の計算

1. 位をそろえて書く。
2. 次に整数と同じように計算すると，68 − 39 = ⑭[ ] となる。
3. 上の小数点にそろえて答えの小数点をうつ。
4. 6.8 − 3.9の答えは ⑮[ ] となる。

```
  6.8
− 3.9
─────
  □.□
```

(6) 小数第二位と小数第一位の小数のひき算の筆算

(例)4.32 − 1.4の計算

1. 位をそろえて書く。
   このとき，1.4を1.40として考える。
2. 整数と同じように計算する。
3. 432 − 140 = ⑯[ ] となる。
4. 上の小数点にそろえて答えの小数点をうつ。
5. 4.32 − 1.4の答えは ⑰[ ] となる。

```
  4.32
− 1.4□
──────
  □.□□
```

(7) 整数と小数第三位の小数のひき算の筆算

(例)8 − 0.784の計算

1. 0.001をもとに考えると，8は0.001が ⑱[ ] 個となる。
2. 0.784は0.001が ⑲[ ] 個となる。
3. 8 − 0.784は，0.001が ⑳[ ] 個となる。
4. 8 − 0.784の答えは ㉑[ ] となる。

学習日　　月　　日

問題を解いてみよう！

解答▶別冊P.5

1 次の計算をしなさい。

(1) 0.1 ＋ 0.3

[　　　　]

(2) 0.5 ＋ 0.7

[　　　　]

(3) 0.7 − 0.1

[　　　　]

(4) 1.1 − 0.4

[　　　　]

(5) 0.04 ＋ 0.13

[　　　　]

(6) 0.11 ＋ 0.5

[　　　　]

(7) 0.08 − 0.02

[　　　　]

(8) 0.6 − 0.01

[　　　　]

2 次の筆算をしなさい。

(1)
$$\begin{array}{r} 5.1 \\ +\ 3.4 \\ \hline \end{array}$$

(2)
$$\begin{array}{r} 4.5 \\ +\ 7.6 \\ \hline \end{array}$$

(3)
$$\begin{array}{r} 4.3 \\ +\ 1.7 \\ \hline \end{array}$$

(4)
$$\begin{array}{r} 8 \\ +\ 4.6 \\ \hline \end{array}$$

(5)
$$\begin{array}{r} 2.46 \\ +\ 6.04 \\ \hline \end{array}$$

(6)
$$\begin{array}{r} 11.5 \\ +\ 5.69 \\ \hline \end{array}$$

(7)
$$\begin{array}{r} 7.1 \\ +\ 0.725 \\ \hline \end{array}$$

(8)
$$\begin{array}{r} 8.003 \\ +\ 2.897 \\ \hline \end{array}$$

(9)
$$\begin{array}{r} 7.8 \\ -\ 4.3 \\ \hline \end{array}$$

(10)
$$\begin{array}{r} 2.1 \\ -\ 1.6 \\ \hline \end{array}$$

(11)
$$\begin{array}{r} 5 \\ -\ 1.5 \\ \hline \end{array}$$

(12)
$$\begin{array}{r} 7 \\ -\ 6.9 \\ \hline \end{array}$$

(13)
$$\begin{array}{r} 5.88 \\ -\ 3.51 \\ \hline \end{array}$$

(14)
$$\begin{array}{r} 12.3 \\ -\ 8.69 \\ \hline \end{array}$$

(15)
$$\begin{array}{r} 1 \\ -\ 0.945 \\ \hline \end{array}$$

(16)
$$\begin{array}{r} 1.05 \\ -\ 0.881 \\ \hline \end{array}$$

小数のかけ算・わり算

要点まとめ

解答▶別冊P.6

小数のかけ算

小数×整数

(1) 0.4×8の計算

1. 0.1をもとにして考える。0.4は0.1が ① 個分となる。
2. 4×8＝32より，0.1が ② 個分で，0.4×8＝ ③ となる。

【かけ算の性質を使って考える】

1. 0.4×8のかけられる数の0.4を ④ 倍すると4×8＝32となる。
2. 32は0.4×8の積を ⑤ 倍したものなので，
   0.4×8＝ ⑥ となる。

小数をかける計算

(2) 小数第二位と小数第一位の小数のかけ算の筆算

(例)3.14×7.5の計算

3.14 （2けた）
× 7.5 （1けた）
□□□□
□□□□
□□.□□□
2＋1＝3けた

1. 小数点がないものとして計算する。
2. 314×75＝ ⑦ となる。
3. 積の小数点は，かけられる数とかける数の小数点の右にあるけたの数の ⑧ だけ，右から数えてうつ。
   和・差・積・商のいずれか
4. かけられる数の小数点の右にあるけた数は ⑨ けたで，かける数の小数点の右にあるけた数は ⑩ けたである。
   よって，積の小数点は右から ⑪ けたのところにうつ。
5. 小数点より右はしの0を消すので，3.14×7.5の答えは ⑫ となる。

あてはまるものを○で囲もう

(3) 1より小さい数をかけると，積はかけられる数より ⑬ 小さく・大きく なる。

小数のわり算

★ 小数÷整数

(4) 6.4÷4の筆算

```
     1.6
4 ) 6.4
    4
    2 4
    2 4
      0
```

1. 一の位の6を4でわる。

あてはまるものを○で囲もう

2. ⑭ わる数・わられる数 の小数点にそろえて，商の小数点をうつ。

3. ⑮ ［　　］ の位の4をおろす。

4. ⑯ ［　　］ を4でわる。

数字を書こう

★ 小数でわる計算

(5) 小数第二位と小数第一位の小数のわり算

(例)3.68÷2.3の計算

1. わり算の性質を使って，3.68と2.3の両方を ⑰ ［　　］ 倍した36.8÷23の商と3.68÷2.3の商が等しいことを利用する。

2. 36.8÷23＝ ⑱ ［　　］

3. よって，3.68÷2.3＝ ⑱ ［　　］ となる。

あてはまるものを○で囲もう

(6) 1より小さい数でわると，商はわられる数より ⑲ 小さく・大きく なる。

問題を解いてみよう！

解答▶別冊 P.6

1 次の計算をしなさい。

(1) 0.9 × 6

[　　　　]

(2) 2.3 × 3

[　　　　]

(3) 0.7 × 0.5

[　　　　]

(4) 2.8 ÷ 4

[　　　　]

(5) 0.45 ÷ 9

[　　　　]

(6) 3.6 ÷ 0.6

[　　　　]

2 次の式の中で，答えが5.1よりも小さい数になるものをすべて選び，記号で答えなさい。

ア　5.1 × 4　　イ　5.1 × 1

ウ　5.1 × 0.7　　エ　5.1 × 1.4

オ　5.1 ÷ 3　　カ　5.1 ÷ 1

キ　5.1 ÷ 1.7　　ク　5.1 ÷ 0.3

[　　　　]

3 次の筆算をしなさい。

(1)
$$\begin{array}{r} 2.7 \\ \times \quad 7 \\ \hline \end{array}$$

(2)
$$\begin{array}{r} 5.2 \\ \times 0.8 \\ \hline \end{array}$$

(3)
$$\begin{array}{r} 3.4 \\ \times 5.1 \\ \hline \end{array}$$

(4)
$$\begin{array}{r} 3.14 \\ \times \quad 4.8 \\ \hline \end{array}$$

4 次の筆算をしなさい。

(1) $3 \overline{)4.5}$

(2) $0.4 \overline{)1.08}$

(3) $0.6 \overline{)4.2}$

(4) $0.4 \overline{)1}$

(5) $5.2 \overline{)41.6}$

(6) $2.7 \overline{)5.67}$

❶ 数と式
❷ 変化と関係
❸ 測量
❹ 図形
❺ データの活用

10 分数の性質

要点まとめ

解答▶別冊 P.7

分数

等分した長さの表し方

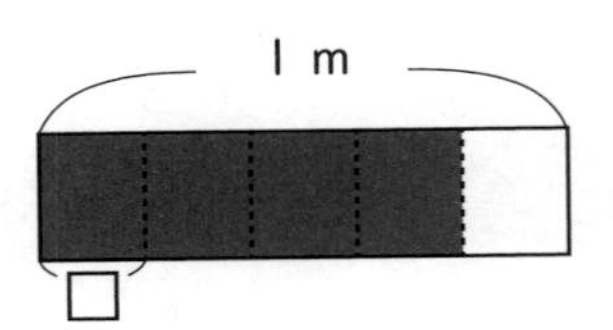

(1) 1mのテープを5等分した1個分の長さを

「五分の一メートル」といい，分数で $\frac{1}{5}$ mと書く。

$\frac{1}{5}$ は ① 個分で1になる。

(2) 1mと $\frac{3}{5}$ mをあわせた長さを「一と五分の三メートル」といい，分数で $1\frac{3}{5}$ mと書く。

(3) $\frac{2}{3}$ や $\frac{1}{5}$ のような数を，分数という。また，$\frac{2}{3}$ の3を ② ，2を ③ という。

分数のしくみ

(4) 右の数直線は0と1の間を7等分しているので，1めもりの大きさは ④ である。

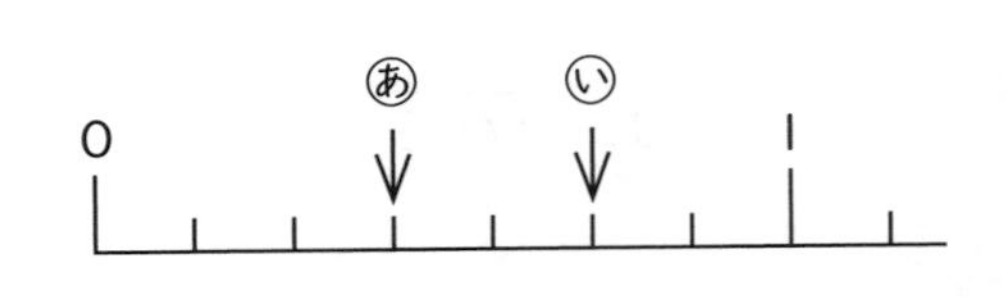

④～⑥に分数を書こう

あの値は ⑤ で，いの値は ⑥ である。

(5) $\frac{1}{10}$ は，1を ⑦ 等分した1個分の大きさであり，0.1は，1を ⑧ 等分した1個分の大きさであるから，$\frac{1}{10}$ は0.1 ⑨ より小さい・と等しい・より大きい 数である。

あてはまるものを○で囲もう

1より大きい分数

(6) $\frac{5}{6}$ や $\frac{1}{10}$ のように，分子が分母より小さい分数を ⑩[　　　] といい，1より ⑪[小さい・大きい] 分数である。

あてはまるものを○で囲もう

(7) $\frac{8}{8}$ や $\frac{7}{2}$，$\frac{13}{4}$ のように，分子と分母が同じか，分子が分母より大きい分数を

あてはまるものを○で囲もう

⑫[　　　] といい，1と等しいか，1より ⑬[小さい・大きい] 分数である。

(8) $2\frac{1}{2}$ や $3\frac{1}{4}$ のように，整数と ⑩[　　　] の和で表されている分数を ⑭[　　　] といい，1より ⑮[小さい・大きい] 分数である。

あてはまるものを○で囲もう

(9) 1より大きい分数は仮分数と帯分数の2つの表し方がある。

（例1） $\frac{7}{3}$ を帯分数で表すと ⑯[　　　] となる。

（例2） $2\frac{3}{4}$ を仮分数で表すと ⑰[　　　] となる。

(10) 分数は，分母がちがっていても，大きさが等しい分数がたくさんある。

（例） $\frac{1}{2} = \frac{⑱}{4} = \frac{⑲}{6} = \frac{4}{8} = \frac{⑳}{10}$

中学では どうなる?

● 分数で表すことのできる数を有理数（ゆうりすう），分数で表すことのできない数を無理数（むりすう）というよ。円周率は無理数になるよ。

11 分数のたし算・ひき算

要点まとめ

解答▶別冊 P.7

分数のたし算・ひき算

分母が等しい分数のたし算・ひき算

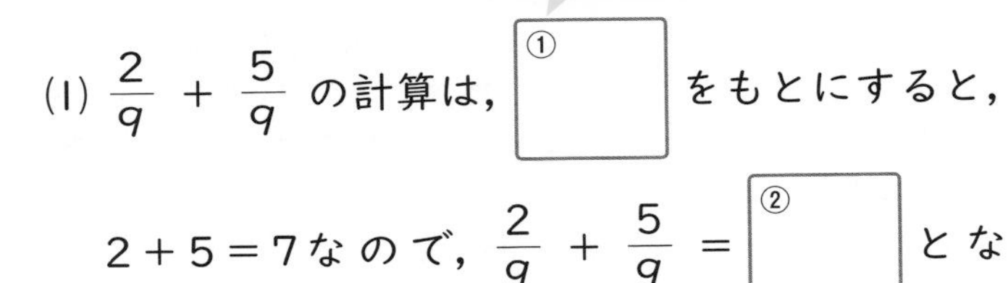

(1) $\frac{2}{9}+\frac{5}{9}$ の計算は，①□ をもとにすると，

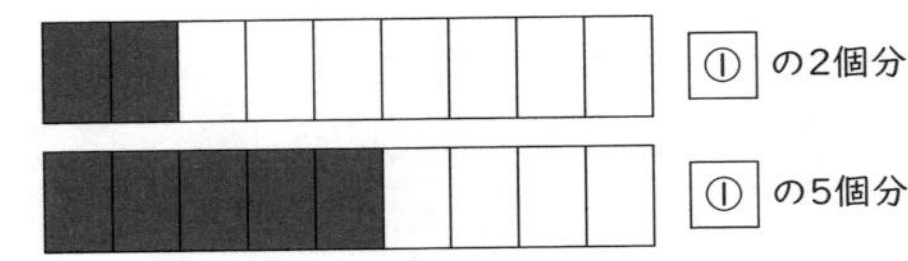

2＋5＝7なので，$\frac{2}{9}+\frac{5}{9}=$ ②□ となる。

分数を書こう

$\frac{6}{7}-\frac{2}{7}$ の計算は，③□ をもとにすると，6－2＝4なので，$\frac{6}{7}-\frac{2}{7}=$ ④□ となる。

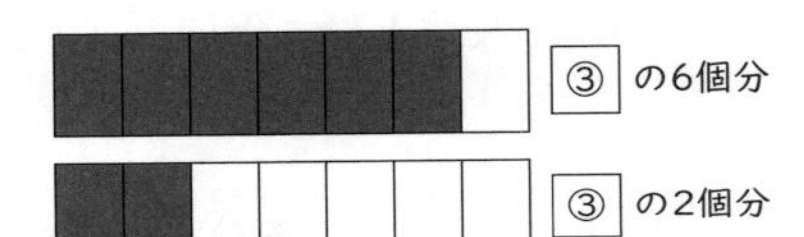

(2) $1\frac{2}{7}+2\frac{3}{7}$ の計算は，帯分数を整数部分と分数部分に分けて計算すると，整数部分は1＋2＝3で，分数部分は $\frac{2}{7}+\frac{3}{7}=\frac{5}{7}$ だから，$1\frac{2}{7}+2\frac{3}{7}=$ ⑤□ になる。

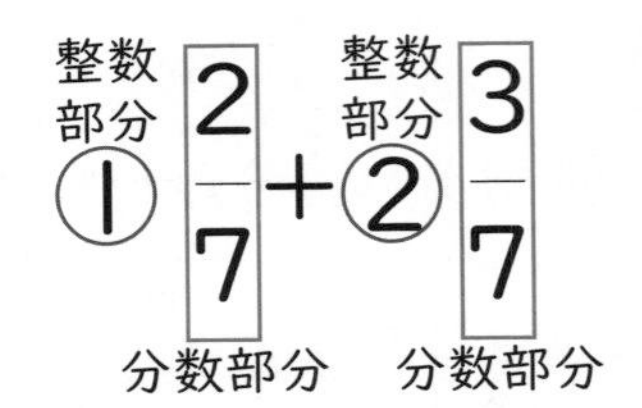

【帯分数を仮分数になおして計算する方法】

$1\frac{2}{7}=$ ⑥□ で，$2\frac{3}{7}=$ ⑦□ だから，

$1\frac{2}{7}+2\frac{3}{7}=$ ⑥□ ＋ ⑦□ ＝ ⑧□ となる。

(3) $2\frac{1}{4}-\frac{3}{4}$ の計算は，$\frac{1}{4}$ から $\frac{3}{4}$ はひけないので，$2\frac{1}{4}$ を $1\frac{⑨}{4}$ になおしてから計算すると，$2\frac{1}{4}-\frac{3}{4}=1\frac{⑨}{4}-\frac{3}{4}=$ ⑩ になる。

分母がちがう分数のたし算・ひき算

(4) 右のように，分母がちがう分数を，それぞれの大きさを変えないで，共通な分母の分数になおすことを ⑪ するという。

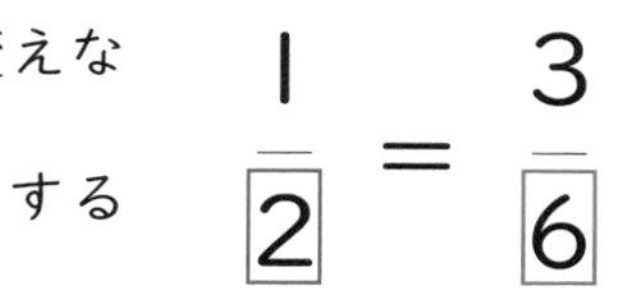

分数を ⑪ するには，分母の**公倍数**を見つけて，それを分母とする分数になおす。

(5) 右のように分母，分子をそれらの**公約数**でわって，分母の小さい分数にすることを ⑫ するという。

$$\frac{21}{56}=\frac{3}{8}$$

÷7

÷7

(6) $\frac{1}{4}+\frac{2}{3}$ の計算は，まず通分して分母をそろえる。4と3の最小公倍数である ⑬ を分母にすると，

$\frac{1}{4}+\frac{2}{3}=\frac{⑭}{12}+\frac{⑮}{12}=$ ⑯ となる。

(7) $4\frac{4}{5}-2\frac{1}{2}$ の計算は，帯分数のまま通分すると，

$4\frac{4}{5}-2\frac{1}{2}=4\frac{⑰}{10}-2\frac{⑱}{10}=$ ⑲ となる。

【仮分数になおしてから通分する方法】

$4\frac{4}{5}-2\frac{1}{2}=\frac{⑳}{5}-\frac{㉑}{2}=\frac{㉒}{10}-\frac{㉓}{10}=$ ㉔ となる。

問題を解いてみよう!

解答▶別冊 P.7

1 次の計算をしなさい。

(1) $\frac{1}{8}+\frac{4}{8}$

[　　　　]

(2) $\frac{6}{9}-\frac{2}{9}$

[　　　　]

(3) $1\frac{1}{7}+5\frac{3}{7}$

[　　　　]

(4) $\frac{4}{5}+1\frac{3}{5}$

[　　　　]

(5) $4\frac{10}{11}-2\frac{7}{11}$

[　　　　]

(6) $2-\frac{7}{10}$

[　　　　]

(7) $\frac{1}{9}+\frac{5}{9}+\frac{4}{9}$

[　　　　]

(8) $\frac{11}{12}-\frac{5}{12}-\frac{1}{12}$

[　　　　]

2 (　) の中の分数を通分しなさい。

(1) $\left(\frac{1}{4}, \frac{3}{5}\right)$

[　　　　]

(2) $\left(\frac{1}{6}, \frac{5}{9}\right)$

[　　　　]

(3) $\left(\frac{7}{12}, \frac{5}{8}\right)$

[　　　　]

(4) $\left(\frac{3}{10}, \frac{19}{30}\right)$

[　　　　]

3 次の分数を約分しなさい。

(1) $\frac{3}{9}$

[　　　]

(2) $\frac{4}{8}$

[　　　]

(3) $\frac{10}{12}$

[　　　]

(4) $\frac{12}{16}$

[　　　]

(5) $\frac{32}{48}$

[　　　]

(6) $3\frac{35}{50}$

[　　　]

4 次の計算をしなさい。

(1) $\frac{1}{5}+\frac{2}{3}$

[　　　]

(2) $\frac{9}{20}+\frac{1}{4}$

[　　　]

(3) $2\frac{1}{6}+\frac{8}{9}$

[　　　]

(4) $\frac{5}{7}-\frac{1}{3}$

[　　　]

(5) $1\frac{1}{4}-\frac{7}{8}$

[　　　]

(6) $\frac{13}{12}-\frac{1}{6}-\frac{3}{4}$

[　　　]

(7) $\frac{1}{18}+\frac{2}{3}+\frac{5}{9}$

[　　　]

(8) $\frac{1}{4}+\frac{3}{8}+\frac{5}{6}$

[　　　]

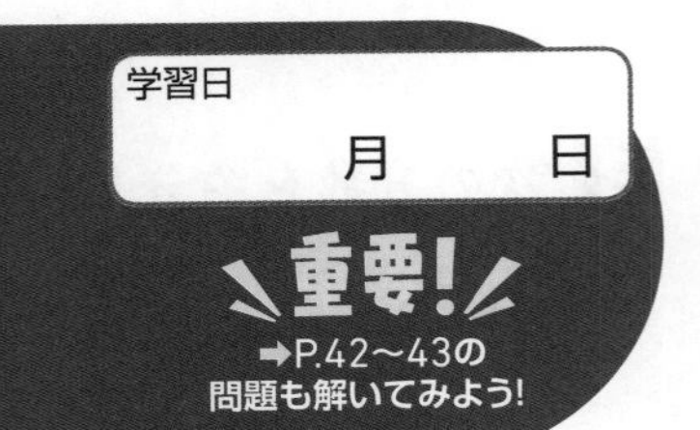

要点まとめ

解答▶別冊P.8

分数のかけ算

分数×整数

①～⑤にあてはまるものを○で囲もう

(1) 分数に整数をかける計算は，［① 分母・分子］は

そのままにして，［② 分母・分子］にその整数をかける。

$$\frac{b}{a} \times c = \frac{b \times c}{a}$$

計算のとちゅうで約分できるときは，約分してから計算すると簡単になる。

分数×分数

(2) 分数に分数をかける計算は，分母には［③ 分母・分子］，

分子には［④ 分母・分子］をかける。

$$\frac{b}{a} \times \frac{d}{c} = \frac{b \times d}{a \times c}$$

(3) 1より小さい数をかけると，積はかけられる数より［⑤ 大きく・小さく］なる。

(4) 分数に分数をかける計算で，計算のとちゅうで約分できるときは，約分してから計算すると簡単になる。

(例) $\frac{5}{12} \times \frac{6}{7}$ の計算

$$\frac{5}{12} \times \frac{6}{7} = \frac{5}{\boxed{⑥}} \times \frac{\boxed{⑦}}{7} = \boxed{⑧}$$

⑥，⑦は約分したあとの数を書こう

(5) $5 \times \frac{1}{8}$ のように整数に分数をかける計算は，整数を分母が1の分数と考えて，

$5 \times \frac{1}{8} = \boxed{⑨} \times \frac{1}{8} = \boxed{⑩}$ となる。

(6) 帯分数のかけ算では，帯分数を**仮分数**になおして計算する。

★ 逆数

和・差・積・商のいずれか

(7) $\frac{2}{3}$ と $\frac{3}{2}$，$\frac{1}{9}$ と9のように，2つの数の ⑪［　　］ が1になるとき，一方の数をもう一方の ⑫［　　］ という。

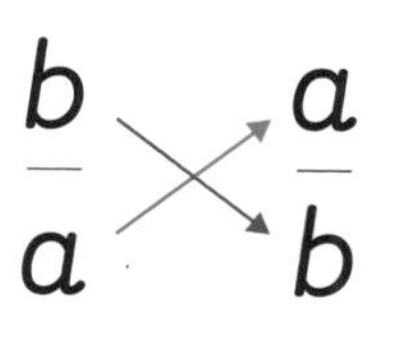

分数のわり算

★ 分数÷整数

⑬〜⑯にあてはまるものを○で囲もう

(8) 分数を整数でわる計算は，⑬［分母・分子］ はそのままにして，⑭［分母・分子］ にその整数をかける。

$$\frac{b}{a} \div c = \frac{b}{a \times c}$$

★ 分数÷分数

(9) 分数を分数でわる計算は，

⑮［わる数・わられる数］ の逆数をかける。

$$\frac{b}{a} \div \frac{d}{c} = \frac{b \times c}{a \times d}$$

(10) 1より小さい数でわると，商はわられる数よりも ⑯［大きく・小さく］ なる。

(11) 分数を分数でわる計算は，計算のとちゅうで約分できるときは，約分してから計算すると簡単になる。

（例） $\frac{3}{14} \div \frac{6}{5}$ の計算

⑰，⑱は約分したあとの数を書こう

$$\frac{3}{14} \div \frac{6}{5} = \frac{3}{14} \times \frac{5}{6} = \frac{⑰}{14} \times \frac{5}{⑱} = ⑲$$

(12) $12 \div \frac{1}{3}$ のように整数を分数でわる計算は，整数を分母が1の分数と考えて，

$12 \div \frac{1}{3} =$ ⑳［　　］ × ㉑［　　］ = ㉒［　　］ となる。

(13) 帯分数のわり算では，帯分数を**仮分数**になおして計算する。

学習日　　月　　日

問題を解いてみよう！

解答▶別冊P.8

1 次の数の逆数を求めなさい。

(1) $\frac{4}{13}$　[　　　]

(2) $\frac{7}{2}$　[　　　]

(3) 6　[　　　]

(4) 1.2　[　　　]

(5) 4.6　[　　　]

(6) 1.25　[　　　]

2 次の計算をしなさい。

(1) $\frac{4}{13} \times 3$　[　　　]

(2) $\frac{1}{5} \times 3$　[　　　]

(3) $\frac{5}{6} \times 2$　[　　　]

(4) $\frac{7}{8} \div 2$　[　　　]

(5) $\frac{6}{7} \div 3$　[　　　]

(6) $\frac{5}{9} \div 10$　[　　　]

3 次の計算をしなさい。

(1) $\frac{3}{4} \times \frac{1}{5}$

[ ]

(2) $\frac{5}{7} \times \frac{3}{8}$

[ ]

(3) $\frac{1}{6} \times \frac{2}{3}$

[ ]

(4) $\frac{9}{10} \times \frac{5}{6}$

[ ]

(5) $8 \times \frac{4}{5}$

[ ]

(6) $6 \times \frac{5}{2}$

[ ]

(7) $\frac{1}{2} \div \frac{2}{5}$

[ ]

(8) $\frac{5}{7} \div \frac{3}{4}$

[ ]

(9) $\frac{5}{12} \div \frac{10}{3}$

[ ]

(10) $\frac{7}{18} \div \frac{21}{10}$

[ ]

(11) $7 \div \frac{5}{2}$

[ ]

(12) $6 \div \frac{3}{8}$

[ ]

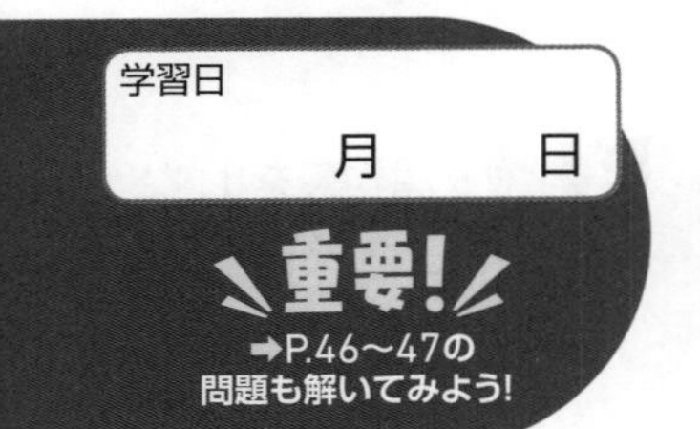

要点まとめ

解答▶別冊 P.9

いろいろな計算

計算の順序

あてはまる言葉を書こう

(1) たし算では，たす順序を変えても，答えは ① [　　] になる。

(2) (　) はひとまとまりの数を表し，先に計算する。

(3) 式の中のかけ算やわり算は，ひとまとまりの数とみて，(　) を省いて書くこともある。

(例) 1000 − (125 × 6)，8 + (12 ÷ 2) の計算

1000 − (125 × 6) = 1000 − ② [　　] × ③ [　　]

8 + (12 ÷ 2) = 8 + ④ [　　] ÷ ⑤ [　　]

(4) 式の中のかけ算やわり算は，たし算やひき算より先に計算する。

(例) 15 − 5 × 2，18 + 9 ÷ 3 の計算

15 − 5 × 2 = 15 − ⑥ [　　] = ⑦ [　　]

18 + 9 ÷ 3 = 18 + ⑧ [　　] = ⑨ [　　]

(5) 18 ÷ (6 − 3) + 2 × 5 の計算

⑩，⑫，⑭，⑰にあてはまる言葉を書こう

1. まず，(　) の中の ⑩ [　　] 算をする。

18 ÷ (6 − 3) + 2 × 5 = 18 ÷ ⑪ [　　] + 2 × 5

2. ×や÷を先に計算するが，まず左にある ⑫ [　　] 算をする。

18 ÷ ⑪ [　　] + 2 × 5 = ⑬ [　　] + 2 × 5

3. 次に ⑭ [　　] 算をする。⑬ [　　] + 2 × 5 = ⑮ [　　] + ⑯ [　　]

4. 最後に ⑰ [　　] 算をする。⑮ [　　] + ⑯ [　　] = ⑱ [　　]

(6) 計算の順序についてまとめると，

・ふつうは，左から順に計算する。

・(　)のある式は，(　)の中を先に計算する。

・×（積）や÷（商）は，＋（和）や－（差）より先に計算する。

計算のきまり

計算のきまり

(7) (　)を使った式の計算のきまり

(○＋△)×□＝⑲[　]×⑳[　]＋㉑[　]×⑳[　]
(○－△)×□＝⑲[　]×⑳[　]－㉑[　]×⑳[　]

これを分配のきまりという。

(8) たし算やかけ算の計算のきまり

たす数・たされる数やかける数・かけられる数を入れかえても計算の答えは同じ。

これを交かんのきまりという。

小数や分数のときもこれらのきまりを使うことができる。

○＋△＝㉒[　]＋㉓[　]
○×△＝㉒[　]×㉓[　]

(9) 3つ以上のたし算やかけ算の計算のきまり

3つ以上のたし算やかけ算では計算の順序を変えても答えは変わらないというきまりがある。これを結合のきまりという。

(○＋△)＋□＝㉔[　]＋(㉕[　]＋㉖[　])
(○×△)×□＝㉔[　]×(㉕[　]×㉖[　])

中学ではどうなる？

● 5×5, 4×4×4のように，同じ数をいくつかかけたものを，その数の累乗（るいじょう）というよ。

● 5×5は5^2(5の2乗)，4×4×4は4^3(4の3乗)と表すよ。

● 5^2の2や4^3の3のように，数の右かたに小さく書いた数を指数（しすう）というよ。

学習日　月　日

問題を解いてみよう!

解答▶別冊 P.9

1 次の計算をしなさい。

(1) $17-(9+1)$

[　　　]

(2) $(12-5)+(7+3)$

[　　　]

(3) $14-4\times 2$

[　　　]

(4) $27\div(9-6)$

[　　　]

(5) $120+50\times 4$

[　　　]

(6) $500-(30\times 4+70)$

[　　　]

(7) $50\div(35\div 7)$

[　　　]

2 分配のきまりを使って，くふうして計算しなさい。

(1) 104×12

[　　　　　　]

(2) 99×21

[　　　　　　]

(3) $74 \times 49 + 26 \times 49$

[　　　　　　]

(4) $517 \times 7 - 17 \times 7$

[　　　　　　]

3 交かんや結合のきまりを使って，くふうして計算しなさい。

(1) $137 + 49 + 51$

[　　　　　　]

(2) $25 \times 53 \times 4$

[　　　　　　]

(3) $7.2 + 14 + 2.8$

[　　　　　　]

(4) $8 \times 4.7 \times 1.25$

[　　　　　　]

要点まとめ

解答▶別冊P.10

□を使った式

□を使った式

(1) わからない数があっても，□を使うと，話のとおりに場面を式に表すことができる。

(例) すずめが8羽いて，何羽かやってきたので，すずめが全部で15羽になった。やってきたすずめの数を求めなさい。

あてはまる言葉を書こう

わからない数は ① ［　　　　］ なので，□として表して式をたてる。

式　② ［　　］ ＋□＝ ③ ［　　］

この□は，□＝ ④ ［　　］ − ⑤ ［　　］ となるので，□＝ ⑥ ［　　］ となる。

文字を使った式

文字を使った式

(2) いろいろと変わる数の代わりに，x などの文字を使うことがある。

(例) 1cmで2gの針金の長さを変えたときの重さを考えなさい。

針金が5cmのときの重さ→2× ⑦ ［　　］ ＝10(g)

針金が10cmのときの重さ→2× ⑧ ［　　］ ＝20(g)

針金が15cmのときの重さ→2× ⑨ ［　　］ ＝30(g)

針金が20cmのときの重さ→2× ⑩ ［　　］ ＝40(g)

したがって，いつも一定で変わらない数は1cmあたりの

⑪，⑫にあてはまる言葉を書こう

⑪［　　　　］で，いろいろと変わる数は

⑫［　　　　］である。

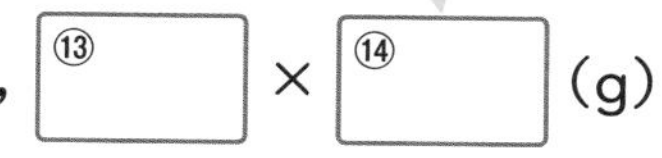

この場合は，針金の長さを$x$cmとして，針金の重さは，⑬［　　］×⑭［　　］(g)と表される。

(3) xやyなどの文字を使うと，数量の関係を1つの式にまとめて表すことができる。

（例）平行四辺形の底辺の長さが$x$cm，高さが6cmのとき，面積が$y$cm^{2}だった。

このxとyの関係を式に表すと，⑮［　　］×6＝⑯［　　］となる。

xが7のときのyの表す数を求めると，⑰［　　］×6＝⑱［　　］となる。

このとき，xにあてはめた数7をxの**値**といい，そのときのyの表す数

⑱［　　］を，xの値7に**対応**するyの**値**という。

中学では

どうなる？

- $2\times x$を$2x$，$y\times 7$を$7y$とかけ算の記号×を省略（しょうりゃく）して表すよ。数字は文字の前に置くよ。

$$2\times x=2x$$

- $x\div 8$を$\frac{x}{8}$，$5\div y$を$\frac{5}{y}$とわり算の記号÷を使わずに分数の形で表すよ。

$$x\div 8=\frac{x}{8}$$

$$5\div y=\frac{5}{y}$$

- $5x+1$という式で，たし算の記号＋で結ばれた$5x$，1のそれぞれを**項**（こう）というよ。
また，$5x$という項で，数の部分の5をxの**係数**（けいすう）というよ。
- 文字の部分が同じ項を1つの項にまとめて，計算することができるよ。
(例)
$2x+3x=(2+3)x=5x$
$7x-6x=(7-6)x=x$

1xの1は省略されるよ

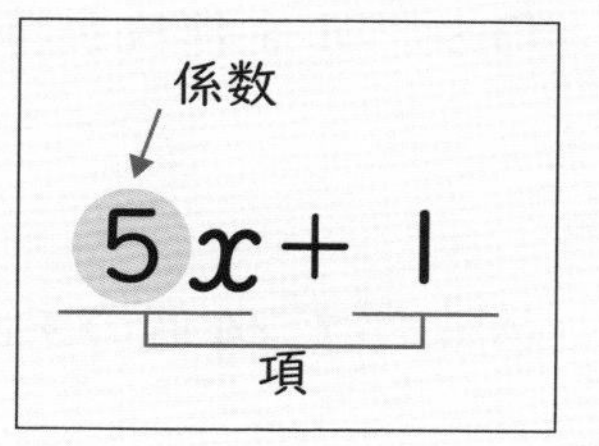

問題を解いてみよう！

解答▶別冊 P.10

1 昨日は，カードが24枚あり，今日新しいカードを何枚か買いました。このとき，次の問いに答えなさい。

(1)新しく買ったカードの枚数を□として，全部のカードの枚数を表す式を書きなさい。

[　　　　　]

(2)全部のカードの枚数は32枚になりました。新しく買ったカードの枚数を□として，等号を使ったたし算の式に表しなさい。

[　　　　　]

(3)(2)のときの□にあてはまる数を求めなさい。

[　　　　　]

2 わからない数を x として，次の数量や場面を x の式で表しなさい。(3)，(4)は等号を使った式で表しなさい。

(1)ジュースが1200mLあり，何人かで同じ量ずつ分けたときの1人分のジュースの量。

[　　　　　]

(2) 1個135円のケーキを1個買って，何円かはらったときのおつり。

[　　　　　]

(3)シールを何枚か持っていて，妹に12枚あげると，残りは20枚になった。

[　　　　　]

(4)全部で24個のあめをあまりが出ないように，1人4個ずつ何人かに配った。

[　　　　　]

3 次のア～エの数量の関係の式について，次の問いに答えなさい。

ア　$24+x=y$

イ　$24-x=y$

ウ　$24\times x=y$

エ　$24\div x=y$

(1)くりを24個持っていて，さらにx個拾ったときの全部のくりの個数はy個でした。この関係を表す式をア～エの中から1つ選びなさい。

[　　　　]

(2)(1)の場面について，xの値が18のとき，対応するyの値を求めなさい。

[　　　　]

(3)子どもが24人で遊んでいて，x人帰ったときの残りの人数はy人でした。この関係を表す式をア～エの中から1つ選びなさい。

[　　　　]

(4)(3)の場面について，yの値が18のとき，対応するxの値を求めなさい。

[　　　　]

(5)秒速24mで飛ぶ鳥が，x秒間飛んだときの進んだきょりはymでした。この関係を表す式をア～エの中から1つ選びなさい。

[　　　　]

(6)(5)の場面について，yの値が168のとき，対応するxの値を求めなさい。

[　　　　]

15 比

要点まとめ

解答▶別冊P.12

比

比と比の値

(1) 2：5のように表された割合を，① という。

(2) a：bの比で，bをもとにしてaがどれだけの割合になるかを表したものを，a：bの**比の値**という。a：bの比の値は，②（a・bのいずれか）を ③（a・bのいずれか）でわった商になる。

等しい比の性質

(3) 右のように比の値が等しいとき，それらの**「比は等しい」**といい，等号を使って1：2＝3：6と表す。

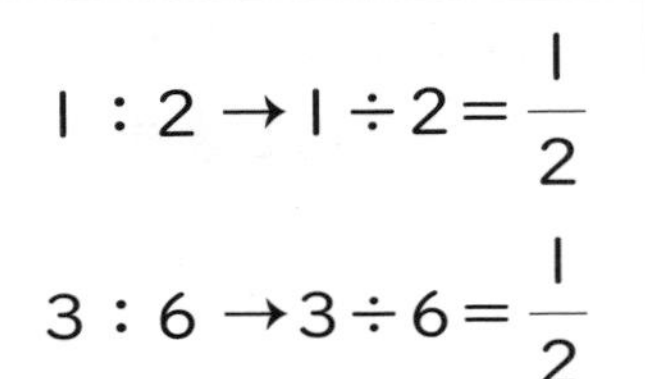

1：2 → 1÷2＝$\frac{1}{2}$

3：6 → 3÷6＝$\frac{1}{2}$

(4) 等しい比には，下のような関係がある。

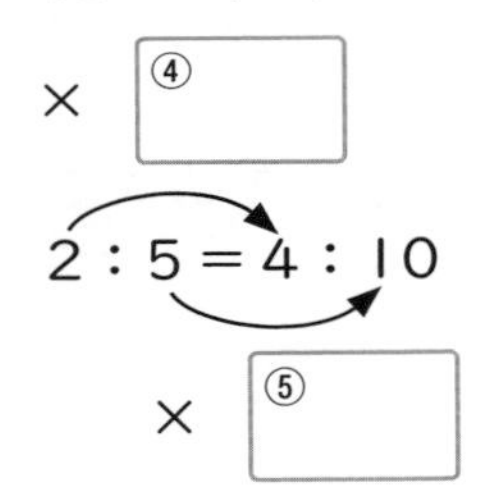

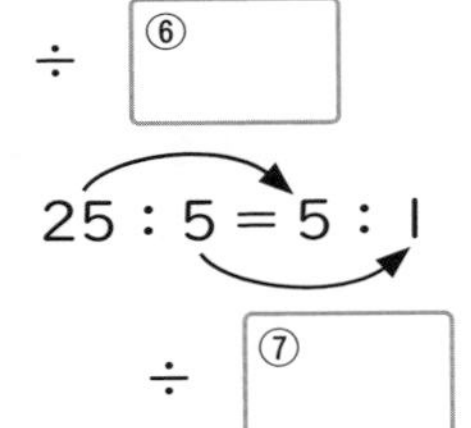

(5) 比をそれと等しい比で，できるだけ小さい整数の比になおすことを**比を簡単にする**という。比を簡単にするには，比を表す2つの数を，それらの ⑧ でわればよい。

(6)【小数で表された比を10をかけて簡単にする方法】

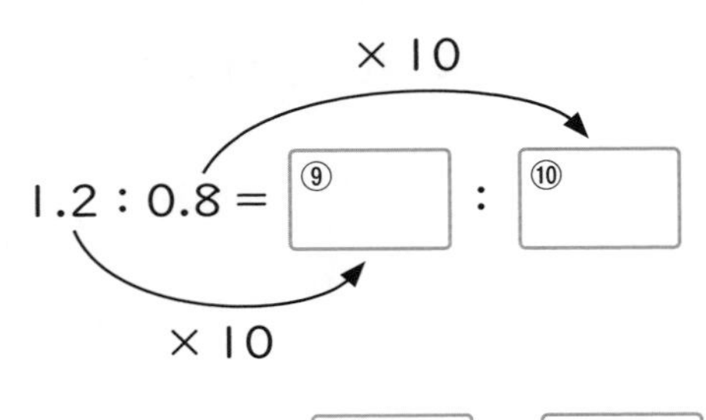

1. 1.2, 0.8をそれぞれ10倍し，整数になおす。
2. 10倍した2つの数の最大公約数でわる。

【小数で表された比を0.1をもとにして簡単にする方法】

1.2は0.1が ⑬［　　］ 個, 0.8は0.1が ⑭［　　］ 個だから,

1.2：0.8 ＝ ⑬［　　］：⑭［　　］

＝ ⑮［　　］：⑯［　　］

1.　1.2, 0.8をそれぞれ0.1をもとにして考え，整数になおす。
2.　0.1をもとにして整数になおした２つの数の最大公約数でわる。

(7)【分数で表された比を公倍数をかけて簡単にする方法】

$\frac{3}{4} : \frac{6}{7}$ ＝ ⑰［　　］：⑱［　　］（それぞれ×28）

＝ ⑲［　　］：⑳［　　］

1.　$\frac{3}{4}$ と $\frac{6}{7}$ のそれぞれに分母の ㉑［　　　　　　］ である28をかける。
2.　28をかけた２つの数の最大公約数でわる。

【分数で表された比を $\frac{1}{28}$ をもとにして簡単にする方法】

$\frac{3}{4}$ は $\frac{1}{28}$ が ㉒［　　］ 個，$\frac{6}{7}$ は $\frac{1}{28}$ が ㉓［　　］ 個だから,

$\frac{3}{4} : \frac{6}{7}$ ＝ ㉒［　　］：㉓［　　］

＝ ㉔［　　］：㉕［　　］

1.　$\frac{3}{4}$，$\frac{6}{7}$ をそれぞれ $\frac{1}{28}$ をもとにして考え，整数になおす。
2.　$\frac{1}{28}$ をもとにして整数になおした２つの数の最大公約数でわる。

学習日　月　日

問題を解いてみよう！

解答▶別冊 P.12

1 次の比の値を求めなさい。

(1) 2：7
[　　　　]

(2) 3：12
[　　　　]

(3) 7：1
[　　　　]

(4) 15：6
[　　　　]

2 次の比を簡単にしなさい。

(1) 2：6
[　　　　]

(2) 7：14
[　　　　]

(3) 10：20
[　　　　]

(4) 18：27
[　　　　]

(5) 0.5：1.5
[　　　　]

(6) 1.6：2.4
[　　　　]

(7) $\frac{2}{9}$ ： $\frac{8}{27}$
[　　　　]

(8) 5： $\frac{11}{6}$
[　　　　]

3 縦と横の長さの比が4：7になるような机をつくります。このとき，次の問いに答えなさい。

(1) 横の長さを1とみると，縦の長さにあたる割合を求めなさい。

(2) 横の長さを84cmにするとき，縦の長さは何cmになりますか。
[　　　　]

4 牛乳とコーヒーの量の比が3：2になるようにコーヒー牛乳をつくります。牛乳を90mL使うとき，次の問いに答えなさい。

(1)必要なコーヒーの量をxmLとして等しい比をつくり，等号を使って表しなさい。

[　　　　　　　　　　]

(2)コーヒーの量は何mL必要ですか。

[　　　　　　]

5 兄と弟でカードの枚数が5：4になるように分けます。カードが全部で81枚あるとき，次の問いに答えなさい。

(1)兄のカードとカード全体の枚数の割合を，比を使って表しなさい。

[　　　　　　]

(2)兄のカードの枚数をx枚として等しい比をつくり，等号を使って表しなさい。

[　　　　　　　　　　]

(3)兄のカードの枚数は何枚ですか。

[　　　　　　]

(4)弟のカードの枚数は何枚ですか。

[　　　　　　]

16 比例①

要点まとめ

解答▶別冊P.13

変わり方

変わり方

(1) 表にまとめて関係を見つけると，式で関係を表すことができる。

（例 1）周りの長さが20cmの長方形の縦と横の長さの関係を調べる。

長方形の縦の長さと横の長さをまとめると，下の表のようになる。

縦の長さ（cm）	1	2	3	4	5
横の長さ（cm）	9	①	②	③	④

長方形の縦の長さが1cmずつ増えていくと，横の長さは ⑤ cmずつ

⑥ 増えて・減って いく。

あてはまるものを〇で囲もう

長方形の縦の長さを○cm，横の長さを□cmとして，○と□の関係を式に表すと，

○＋□＝ ⑦ となる。

（例 2） 水そうに1分間で25Lずつ水を入れていき，水を入れた時間と水そうに入っている水の量の関係を調べる。水を入れた時間と水そうに入っている水の量をまとめると，下の表のようになる。

時間　（分）	1	2	3	4	5
水の量　（L）	25	50	75	100	125

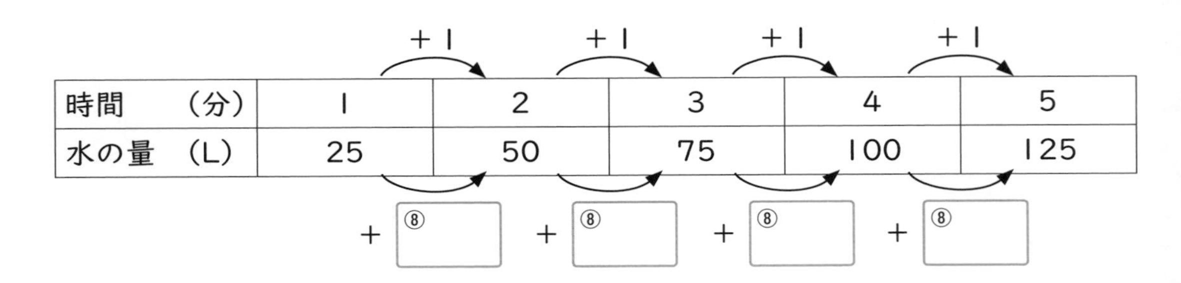

時間　（分）	1	2	3	4	5
水の量　（L）	25	50	75	100	125

表を横に見ると，時間が１分ずつ増えると水の量が ⑧[　　] Ｌずつ増えているとわかる。

	×⑨[　　]	×⑨[　　]	×⑨[　　]	×⑨[　　]	×⑨[　　]
時間　（分）	1	2	3	4	5
水の量　（L）	25	50	75	100	125

表を縦に見ると，時間を表す数の ⑨[　　] 倍が水の量を表す数になっていることがわかる。

⑵ 次の場面を表や式に表し，関係を調べなさい。

（例）正方形の１辺の長さと周りの長さの関係を調べる。

正方形の１辺の長さと周りの長さをまとめると，下の表のようになる。

１辺の長さ（cm）	1	2	3	4	5
周りの長さ（cm）	⑩	⑪	⑫	⑬	⑭

この表より，１辺の長さが１cmずつ増えていくと，周りの長さは ⑮[　　] cmずつ ⑯[増えて・減って] いく。

あてはまるものを○で囲もう

また，１辺の長さの ⑰[　　] 倍が，周りの長さになっている。

１辺の長さを○cm，周りの長さを□cmとして，○と□の関係を式に表すと，

○× ⑱[　　] ＝□となる。

１辺の長さ○cmが7cmのときの周りの長さ□cmを求めると，

□＝7× ⑲[　　] ＝ ⑳[　　] より，⑳[　　] cmとなる。

周りの長さ□cmが18cmのときの１辺の長さ○cmを求めると，

○× ㉑[　　] ＝18より，○＝ ㉒[　　] ÷ ㉓[　　] ＝ ㉔[　　] で，㉔[　　] cmとなる。

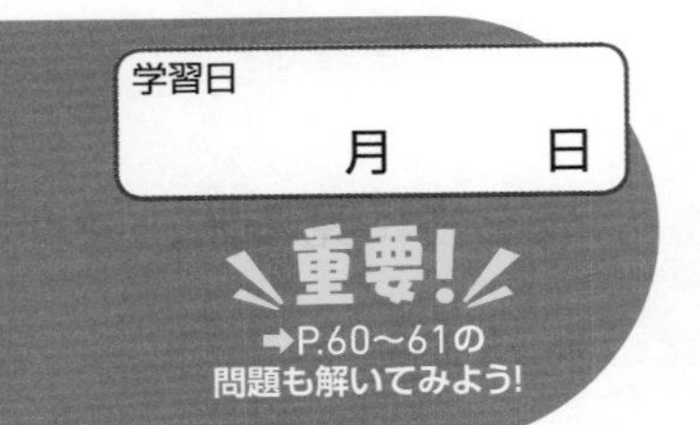

17 比例②

要点まとめ

解答▶別冊P.13

比例

比例の性質

三角形の面積は，底辺×高さ÷２で求められるね

(1) 三角形の底辺を$x$cm，高さを6cmとするときの，面積を$y$cm^{2}とする。このとき，xとyの数量の変わり方をまとめると，下の表のようになる。

底辺x(cm)	1	2	3	4	5
面積y(cm^2)	①	②	③	④	⑤

この表より，底辺の長さが2倍,3倍,…になると，

それにともなって面積も ⑥ 倍, ⑦ 倍,…になっている。

このようなとき，面積yは底辺xに ⑧ するという。

(2) yがxに比例するとき,xの値が0.5倍,1.5倍になると，それにともなってyの値も ⑨ 倍, ⑩ 倍となる。

0.5倍　1.5倍

個数x(個)	1	2	3	4	5
値段y(円)	50	100	150	200	250

(3) yがxに比例するとき,xの値が$\frac{3}{4}$倍，$\frac{5}{4}$倍になると，それにともなってyの値も ⑪ 倍, ⑫ 倍になる。

$\frac{3}{4}$倍　$\frac{5}{4}$倍

時間x(分)	1	2	3	4	5
きょりy(m)	300	600	900	1200	1500

比例の式

⑷ yがxに比例するとき，xの値でそれに対応するyの値をわった商は，**いつも決まった数**になる。

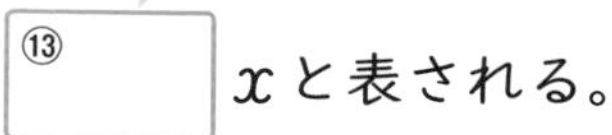

この関係を，yをxの式で表すと，y＝決まった数 ⑬［　　］ xと表される。

比例のグラフ

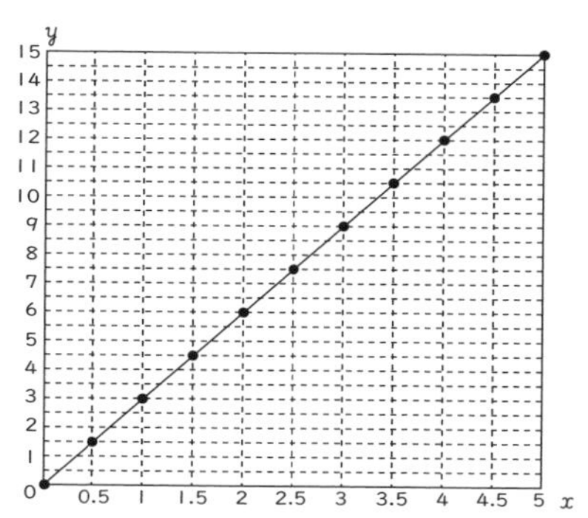

⑸【比例のグラフの書き方】

1. 横軸(よこじく)に書かれた値をxの値，縦軸(たてじく)に書かれた値をyの値として，点をとる。
2. 0の点と，とった点を直線でつなぐ。
   比例する２つの数量の関係を表すグラフは，右の図のように**直線**になり，**0の点を通る**。

⑹ 比例のグラフから，xの値やyの値を読み取ることができる。

右のグラフのように，

xの値が0.5のときのyの値は ⑭［　　］，

xの値が4のときのyの値は ⑮［　　］，

yの値が6のときのxの値は ⑯［　　］ となる。

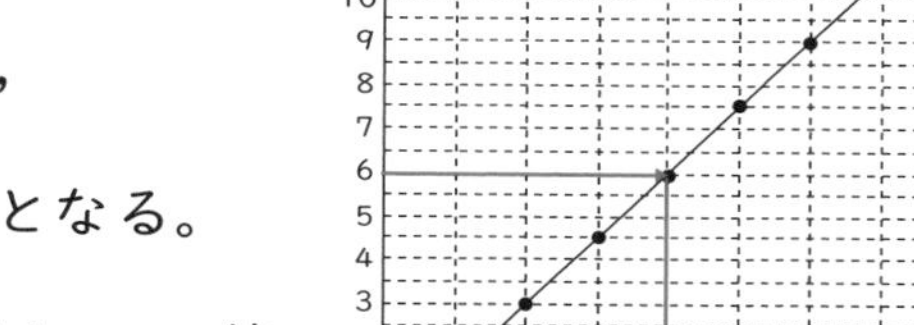

⑺ 右のグラフについて，xの値が1増えると，yの値は ⑰［　　］ 増える。

これは，x＝ ⑱［　　］ のときのyの値と等しくなっている。

中学ではどうなる？

- yがxに比例するという関係を，aを決まった数として，$y=ax$という式に表して考えるよ。
- 点Aのような，グラフ内の点の位置を座標(ざひょう)というよ。
- 点AをA(1, 2) と書き，1を点Aのx座標，2をAのy座標というよ。
- 右のグラフのように，xやyが0より小さい数（負の数）の場合や，決まった数が負の数の場合も考えるよ。

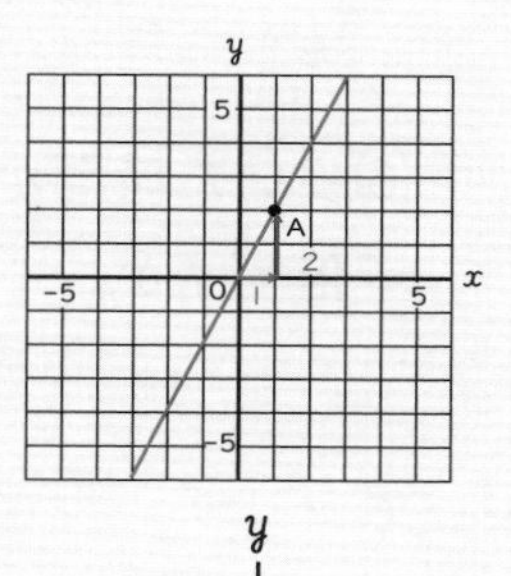

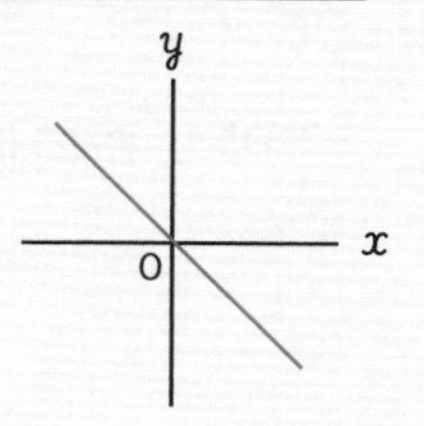

問題を解いてみよう！

解答▶別冊 P.13

1 たろうさんは分速80mで歩いています。このとき，次の問いに答えなさい。

(1) x分歩いたときの進む道のりをymとして，xとyの数量の変わり方を下の表にまとめなさい。

時間x(分)	1	2	3	4	5	6
道のりy(m)	[　]	[　]	[　]	[　]	[　]	[　]

(2) (1)の表について，xの値が5から2になると，それに対応するyの値は何倍になりますか。

[　　　　]

(3) (1)の表について，xの値が3から5になると，それに対応するyの値は何倍になりますか。

[　　　　]

(4) 道のりyは時間xに比例しますか。「比例する」「比例しない」のいずれかで答えなさい。

[　　　　]

(5) yをxの式で表しなさい。

[　　　　]

(6) 歩いた時間が8分のときの道のりは，歩いた時間が2分のときの道のりの何倍ですか。

[　　　　]

(7) 歩いた時間が8分のときの道のりを求めなさい。

[　　　　]

2 縦の長さを4cm，横の長さを$x$cmとしたときの長方形の面積を$y$cm^{2}とします。次の問いに答えなさい。

(1) yをxの式で表しなさい。

[　　　　]

(2) xとyの数量の変わり方を下の表にまとめなさい。

横の長さx(cm)	1	2	3	4
面積y(cm^2)	[　]	[　]	[　]	[　]

(3) (2)の表について，xとyの値の組を右のグラフに表しなさい。

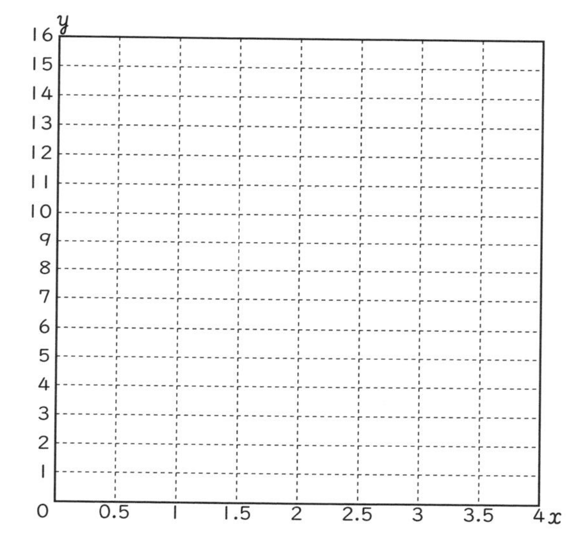

(4) (3)の点を通る直線をひきなさい。

(5) 面積yは横の長さxに比例しますか。「比例する」「比例しない」のいずれかで答えなさい。

[　　　　]

(6) xの値が2.5のときのyの値を求めなさい。

[　　　　]

(7) yの値が14になるときのxの値を求めなさい。

[　　　　]

18 反比例

要点まとめ

解答▶別冊 P.14

反比例

反比例の性質

(1) 面積が24cm^{2}の長方形の縦の長さを$x$cm，横の長さを$y$cmとする。このとき，xとyの数量の変わり方をまとめると，下の表のようになる。

縦の長さx(cm)	1	2	3	4	5	6
横の長さy(cm)	①	②	③	④	⑤	⑥

この表より，縦の長さが2倍，3倍，…になると，

それにともなって横の長さは ⑦ 倍，⑧ 倍，…になっている。

このとき，横の長さyは縦の長さxに ⑨ するという。

(2) yがxに反比例するとき，xの値が$\frac{1}{2}$倍，$\frac{1}{3}$倍，…になると，それにともなってyの値は ⑩ 倍，⑪ 倍，…になる。

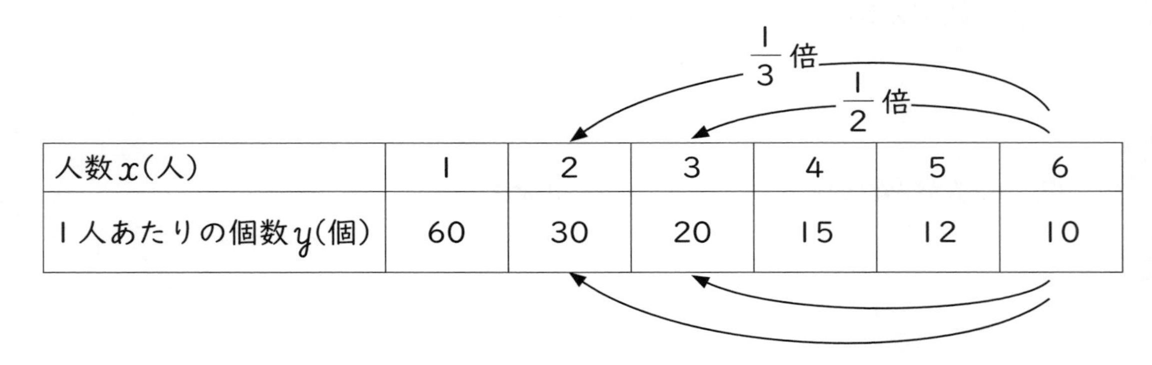

人数x(人)	1	2	3	4	5	6
1人あたりの個数y(個)	60	30	20	15	12	10

反比例の式

和・差・積・商のいずれか

(3) yがxに反比例するとき，xの値とそれに対応するyの値の ⑫ ＿＿ は，いつも決まった数になる。

×・÷のいずれか

この関係を，yをxの式で表すと，y＝決まった数 ⑬ ＿＿ xと表される。

反比例の表とグラフ

(4) 30kgのお米を分ける人数x人と1人あたりのお米の量$y$kgが下の表のようになっている関係を考える。

人数x(人)	1	2	3	4	5	6	10
1人あたりの量y(kg)	30	15	10	7.5	6	5	3

反比例する2つの数量の関係を表すグラフは比例のグラフとはちがい，0の点を通らない。

(5) 反比例のグラフから，xの値やyの値を読み取ることができる。

右のグラフのように，

xの値が30のときのyの値は ⑭ ＿＿，

yの値が15のときのxの値は ⑮ ＿＿ となる。

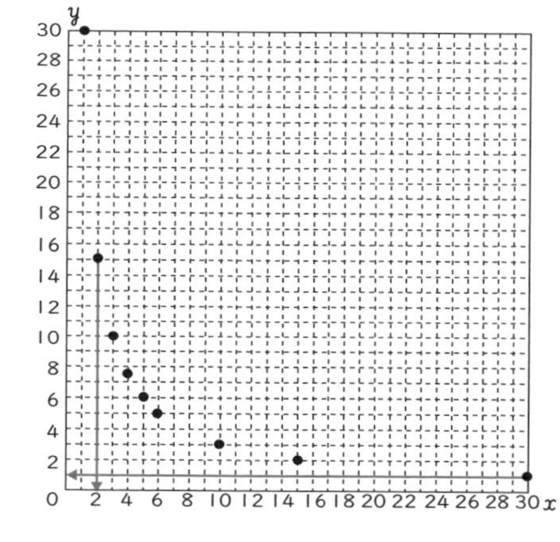

中学では どうなる？

- yがxに反比例するという関係を，aを決まった数として，$y=\frac{a}{x}$という式に表して考えるよ。
- 右のグラフのように，反比例のグラフは双曲線（そうきょくせん）という曲線になるよ。
- 右のグラフのように，xやyが0より小さい数（負の数）の場合や，決まった数が負の数の場合も考えるよ。

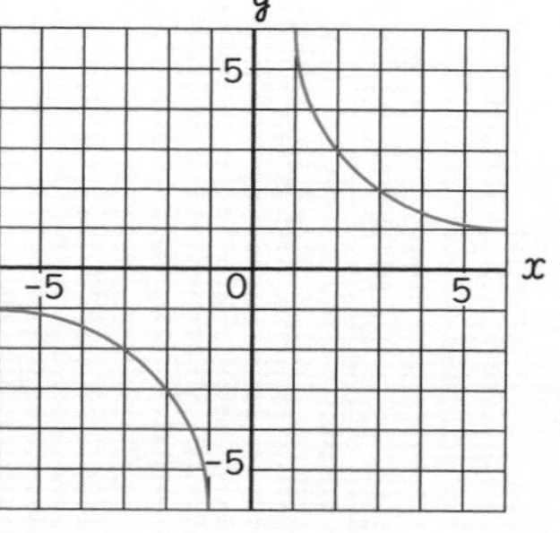

問題を解いてみよう！

解答▶別冊P.14

1 速さの変えられるラジコンで60mの道のりを進んだときにかかる時間を考えます。このとき，次の問いに答えなさい。

(1) ラジコンの速さを秒速xm，かかった時間をy秒として，xとyの数量の変わり方を下の表にまとめなさい。

秒速x(m)	1	2	3	4	5	6
時間y(秒)	[　]	[　]	[　]	[　]	[　]	[　]

(2) (1)の表について，xの値が3から6になると，それに対応するyの値は何倍になりますか。

[　　　　]

(3) (1)の表について，xの値が5から2になると，それに対応するyの値は何倍になりますか。

[　　　　]

(4) 時間yは秒速xに反比例しますか。「反比例する」「反比例しない」のいずれかで答えなさい。

[　　　　]

(5) yをxの式で表しなさい。

[　　　　]

(6) ラジコンの速さが秒速12mのときのかかった時間を求めなさい。

[　　　　]

2 6L入る水そうに水を毎分xL入れるときのかかった時間をy分としたとき，次の問いに答えなさい。

(1) xとyの数量の変わり方を下の表にまとめなさい。

1分あたりの量x(L)	1	2	3	4	5	6
時間y(分)	[　]	[　]	[　]	[　]	[　]	[　]

(2) 1分あたりの量xが2倍，3倍，…になると，時間yはどのように変化しますか。

[　　　　　　　　]

(3) 時間yは1分あたりの量xに反比例しますか。「反比例する」「反比例しない」のいずれかで答えなさい。

[　　　　　　　　]

(4) (1)の表について，xとyの値の組を右のグラフに表しなさい。

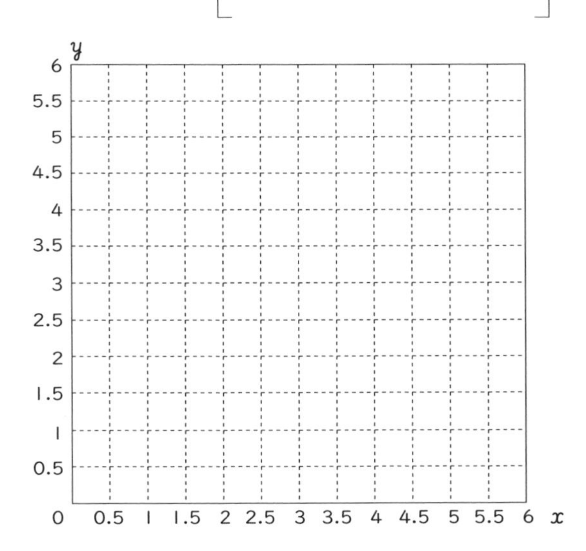

(5) yをxの式で表しなさい。

[　　　　　　　　]

(6) 1分あたりの量が1.5Lのときのかかった時間を求めなさい。

[　　　　　　　　]

学習日 月 日

19 長さ・かさ

要点まとめ

解答▶別冊P.15

長さ

長さの単位

(1) センチメートルは長さの単位で，cmと書く。
長さは1センチメートルがいくつ分あるかで表すことができる。

(2) 物の長さはものさしや巻尺などを使って測ることができる。
右のようにテープの長さを測ると，

0 1 2 3 4 5 6 7 8 9 10 11 12 13 (cm)

ⓐのテープの長さは ① cmで，
ⓘのテープの長さは ② cmとなる。
また，ものさしなどでかいたまっすぐな線のことを ③ という。
さらに，道にそって測った長さを ④ という。

(3) 長さの単位には，cmのほかに，「mm(ミリメートル)」「m(メートル)」「km(キロメートル)」がある。

【長さの単位の関係】

1cm = ⑤ mm, 1m = ⑥ cm, 1km = ⑦ m

(4) □ にあてはまる長さの単位を書きなさい。

・ノートの横の長さ 18 ⑧
・ノートの厚さ 6 ⑨
・ドアの縦の長さ 2 ⑩
・家から学校までの道のり 800 ⑪
・東京都と大阪府のきょり 400 ⑫

長さの計算

同じ・ちがうのいずれか

(5) 長さの計算は ⑬[　　] 単位のところを計算する。

(6) いろいろな道のりも，計算で求めることができる。

（例）Aさんの家からBさんの家までの道

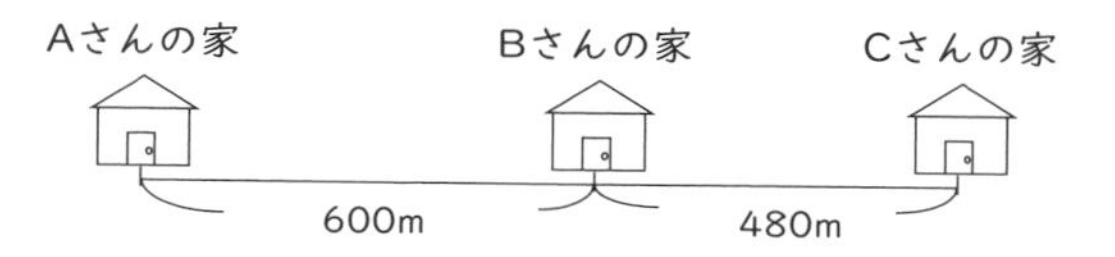

のりは ⑭[　　] mで，Aさんの家

からCさんの家までの道のりは，

600m＋480m＝⑮[　　] mとなる。

また，⑮[　　] mは ⑯[　　] km ⑰[　　] mとも表される。

かさ

かさの単位

(7) デシリットルはかさの単位で，**dL**と書く。

(8) かさの単位には，dLのほかに，「**mL（ミリリットル）**」「**L（リットル）**」がある。

【かさの単位の関係】

1dL＝⑱[　　] mL，1L＝⑲[　　] dL

かさの計算

同じ・ちがうのいずれか

(9) かさの計算は ⑳[　　] 単位のところを計算する。

（例）Aの水そうには3L7dLの水があり，Bの水そうには2L1dLの水があるとき，

A，Bの水をあわせたかさは，

3L7dL＋2L1dL＝㉑[　　] L ㉒[　　] dL

A，Bの水のかさのちがいは，

3L7dL－2L1dL＝㉓[　　] L ㉔[　　] dL

学習日　　月　　日

20 時刻と時間・重さ

要点まとめ

解答▶別冊 P.15

時刻と時間

時刻と時間

(1) 右の時計は ① 時を表している。

このような，時を表したものを時刻といい，

時刻と時刻の間を表したものを ② という。

また，右のような時計の長い針がひとまわりする

時間は ③ 分である。

(2) 時間の単位には，「秒」「分」「時間」「日」がある。

【時間の単位の関係】

1分＝ ④ 秒，1時間＝ ⑤ 分，1日＝ ⑥ 時間

(3) 時刻は午前と午後を使って表す場合もある。

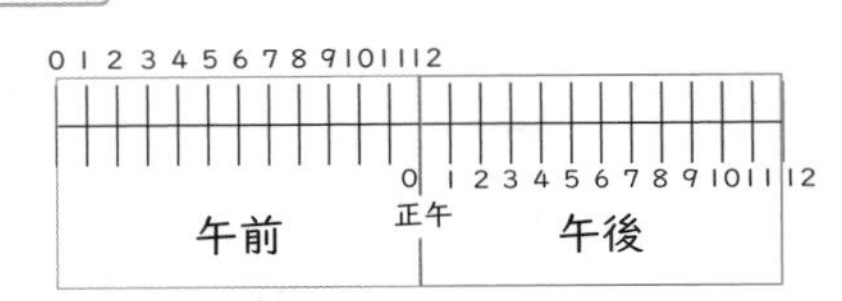

午前は ⑦ 時間あり，午後は ⑧ 時間ある。

時刻と時間の計算

同じ・ちがうのいずれか

(4) 時刻や時間の計算は ⑨ 単位のところを計算する。

（例）午後2時40分の50分後の時刻を求める

ちょうどの時刻である午後3時をもとに考えると，

午後2時40分から午後3時まで ⑩ 分あり，50分－ ⑪ 分＝ ⑫ 分だから，午後2時40分の50分後の時刻は，午後3時から ⑬ 分後の時刻である。よって，午後2時40分の50分後は午後 ⑭ 時 ⑮ 分である。

重さ

重さ

⑸ 重さの単位には，グラムがあり，⑯［　　］と書く。

１円玉１個の重さは ⑰［　　］gである。

⑹ 重さをはかるとき，はかりという道具を使うことがある。
右のはかりでは，10めもりで100gなので，１めもり
⑱［　　］gである。また，右のはかりにのせた箱の重さは
⑲［　　］gとなる。

【はかりを使うときの注意点】

1. はかりを平らな所におく。
2. 針が0をさすようにする。
3. めもりは水平な位置から読む。

⑺ 重さの単位には，⑯［　　］の他に，「kg(キログラム)」「t(トン)」がある。

【重さの単位の関係】

1kg＝⑳［　　］g

1t　＝㉑［　　］kg

重さの計算

同じ・ちがうのいずれか

⑻ 重さの計算は ㉒［　　］単位のところを計算する。

（例）重さが350gのりんごと，重さが1kg 230gのメロンがあるとき
りんごとメロンの重さの合計は，

350g＋1kg230g＝㉓［　　］kg ㉔［　　］g

りんごとメロンの重さのちがいは，

1kg230g－350g＝㉕［　　］g

21 割合①

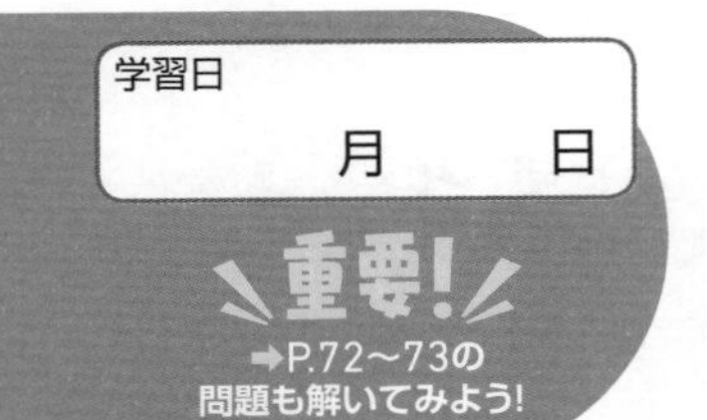

要点まとめ

解答▶別冊 P.15

割合

倍の計算

①，②にあてはまるものを○で囲もう

(1) もとにする数の何倍かの数を求めるときは，［① かけ・わり］算を使う。

（例）ゆうきさんは12本のえん筆を持っています。その4倍の数をみさとさんは持っています。みさとさんは何本のえん筆を持っていますか。

もとにする数は，［② ゆうきさん・みさとさん］のえん筆の数である。

＋・－・×・÷のいずれか

式　12［③　］4＝［④　］，よって，みさとさんのえん筆の数は，［④　］本になる。

⑤，⑥にあてはまるものを○で囲もう

(2) もとにする数の何倍かを求めるときは，［⑤ かけ・わり］算を使う。

（例）24 mの赤いなわと，4mの青いなわがあります。赤いなわは青いなわの何倍の長さですか。

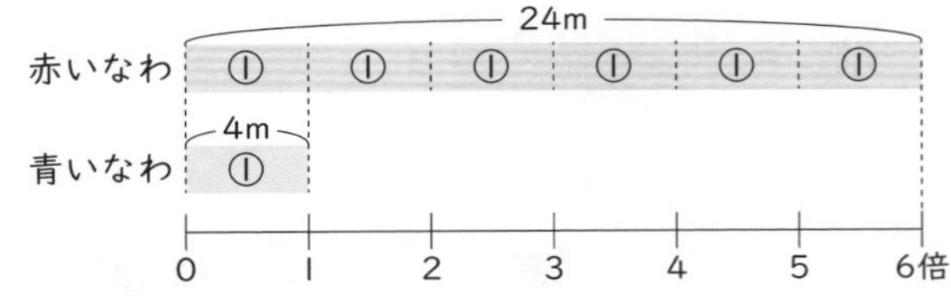

もとにする数は，

［⑥ 赤いなわ・青いなわ］

＋・－・×・÷のいずれか

式　24［⑦　］4＝［⑧　］，よって，赤いなわは青いなわの［⑧　］倍になる。

(3) もとにする大きさを求めるには，□を使ってかけ算の式に表すと考えやすくなる。

（例）机の縦の長さは，横の長さの3倍で，90cmでした。机の横の長さは，何cmですか。

90cm
縦の長さ　①　①　①
□cm
横の長さ　①
0　1　2　3倍

もとにする数は，⑨ 縦の長さ・横の長さ なので，□とする。

式　□ ⑩ 3 ＝ ⑪　　あてはまるものを○で囲もう

□＝ ⑫ ÷ ⑬

＝ ⑭　　よって，机の横の長さは，⑭ cm

★割合

⑷ もとにする数を１とみたとき，比べられる数がどれだけにあたるかを表した数を，**割合**という。もとにする大きさがちがうときには，この**割合**を使って比べることがある。

【割合を求める式】

割合＝比べられる量÷もとにする量

⑸（例）まと当てゲームをしたときにＡさんとＢさんの投げた回数と当たった回数を調べました。右の表は，その結果をまとめたものです。どちらがよく当たったかを考えましょう。

	投げた回数（回）	当たった回数（回）
Ａさん	16	4
Ｂさん	10	3

Ａさんは投げた16回をもとにしたとき，当たった４回の割合は，

⑮ ÷ ⑯ ＝ ⑰

Ｂさんの投げた回数をもとにしたとき，当たった回数の割合は，

⑱ ÷ ⑲ ＝ ⑳

あてはまるものを○で囲もう

どちらがよく当たったかを考えると ㉑ Ａ・Ｂ さんになる。

⑹ **比べられる量＝もとにする量×割合**で求めることができる。

（例）500mLの0.7の量を求める場合

もとにする量の数… ㉒ ，割合の数… ㉓

式　500× ㉔ ＝ ㉕

よって，500mLの0.7の量は ㉕ mLである。

学習日　　月　　日

問題を解いてみよう！

解答▶別冊P.15

1 次の問いに答えなさい。

(1) 72cm は 9cm の何倍ですか。

[　　　　]

(2) 24kg は 2kg の何倍ですか。

[　　　　]

(3) 5m の 6 倍にあたる長さは何 m ですか。

[　　　　]

(4) 14cm^2 の 10 倍にあたる面積は何 cm^2 ですか。

[　　　　]

(5) 5kg の□倍が 15kg のとき，□にあてはまる数を求めなさい。

[　　　　]

(6) ある長さをもとにすると，ある長さの 7 倍が 84cm です。このときのもとにする長さを求めなさい。

[　　　　]

(7) ある重さをもとにすると，ある重さの 12 倍が 96g です。このときのもとにする重さを求めなさい。

[　　　　]

2 下の表は,AさんとBさんとCさんのバスケットボールのシュートの記録です。この表について，次の問いに答えなさい。

	シュートした回数（回）	入った回数（回）
Aさん	20	4
Bさん	20	5
Cさん	18	4

(1)AさんとBさんでは，どちらのほうがシュートがよく成功したといえますか。

[　　　　　　]

(2)AさんとCさんでは，どちらのほうがシュートがよく成功したといえますか。

[　　　　　　]

(3)Aさんのシュートした回数を1とみたときの入った回数の割合を求めなさい。

[　　　　　　]

(4)Bさんのシュートした回数を1とみたときの入った回数の割合を求めなさい。

[　　　　　　]

(5)Cさんのシュートした回数を1とみたときの入った回数の割合を，小数第三位を四捨五入して求めなさい。

[　　　　　　]

(6)Aさん,Bさん,Cさんの中で，だれがいちばんシュートがよく成功したといえますか。

[　　　　　　]

22 割合②

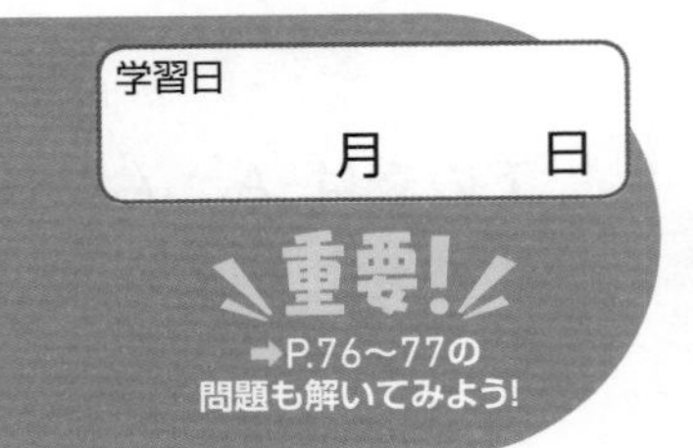

要点まとめ

解答▶別冊P.15

割合の表し方

百分率

(1) 割合を表す0.01を1パーセントといい，1 ① と書く。

パーセントで表した割合を，② という。

（例1）割合0.15を ② で表すと ③ %

（例2）割合1を ② で表すと ④ %

(2)（例）ある中学校1年生の生徒数は400人で，1組の男子の人数は28人です。

生徒数をもとにした，1組の男子の人数の割合を求めましょう。

比べられる量…1組の男子の人数

もとにする量…1年生の生徒数

式 ⑤ ÷ ⑥ ＝ ⑦

この割合を百分率で表すと ⑧ %となる。

(3)（例） 1台の定員が40人のバスに，50人乗っているとき，バス1台の定員をもとにした，乗客数の割合を求めましょう。

比べられる量…乗客数

もとにする量…バス1台の定員

式 ⑨ ÷ ⑩ ＝ ⑪

この割合を百分率で表すと ⑫ %となる。

このように，百分率は100%より大きくなることもある。

★百分率の問題

⑷（例）りんごジュース500mLのうち，果じゅうが30%ふくまれています。
りんごジュースに入っている果じゅうの量を求めましょう。

⑬，⑭にあてはまるものを○で囲もう

比べられる量…［⑬ りんごジュース・りんごジュースに入っている果じゅう］

もとにする量…［⑭ りんごジュース・りんごジュースに入っている果じゅう］

小数で表された割合…［⑮　　］

もとにする量を書こう　　小数で表された割合を書こう

式［⑯　　］×［⑰　　］＝［⑱　　］

よって，500mLの30%の量は［⑱　　］mLである。
このように百分率を小数で表して計算することでりんごジュースに入っている果じゅうの量を求めることができる。

⑸（例）200円のノートを，20%びきの値段で買いました。代金を求めましょう。

① 20%の値段を求めて，もとの値段からひく場合

もとにする量…［⑲　　］円，小数で表された割合…［⑳　　］

もとにする量を書こう　　小数で表された割合を書こう

20%の値段…［㉑　　］×［㉒　　］＝［㉓　　］

よって，代金は，［㉔　　］－［㉕　　］＝［㉖　　］

200円の20%びきの代金は［㉖　　］円である。

② 100%から20%をひいた残りの80%の値段を求める場合

もとにする量…［⑲　　］円，小数で表された割合…［㉗　　］

もとにする量を書こう　　小数で表された割合を書こう

80%の値段…［㉘　　］×［㉙　　］＝［㉚　　］

200円の20%びきの代金は［㉚　　］円である。

問題を解いてみよう!

解答▶別冊 P.16

1 次の数で表された割合を，百分率で表しなさい。

(1) 0.09 [　　]

(2) 0.57 [　　]

(3) 0.6 [　　]

(4) 0.407 [　　]

(5) 1.24 [　　]

(6) 2 [　　]

2 A市の小学生の割合がA市の全体の人口の5%であるとき，次の問いに答えなさい。

(1) 5%で表された割合を小数で表しなさい。

[　　]

(2) A市の全体の人口が4万人のとき，A市の小学生の人数を求めなさい。

[　　]

(3) A市の全体の人口が25万人のとき，A市の小学生の人数を求めなさい。

[　　]

3 1車両の定員が160人の電車1車両に，200人乗っているとき，乗客数の割合を小数で求めなさい。

[　　]

4 あるポテトチップスが増量して売られています。増量後のポテトチップスの量は75gで，この75gは，増量前の量の150%にあたります。このときの増量前のポテトチップスの量は何gかを求めます。次の問いに答えなさい。

(1) 150%で表された割合を小数で表しなさい。

[　　　　]

(2) 増量前のポテトチップスの量を□gとして，かけ算の式に表しなさい。

[　　　　]

(3) 増量前のポテトチップスの量を求めなさい。

[　　　　]

5 3500円のセーターを40%びきの値段で買いました。このときの買った値段を求めなさい。

[　　　　]

6 220円のケーキを，15%びきの値段で買いました。このときの買った値段を求めなさい。

[　　　　]

7 800円のすいかに利益を30%加えて売ります。このときの売る値段を求めなさい。

[　　　　]

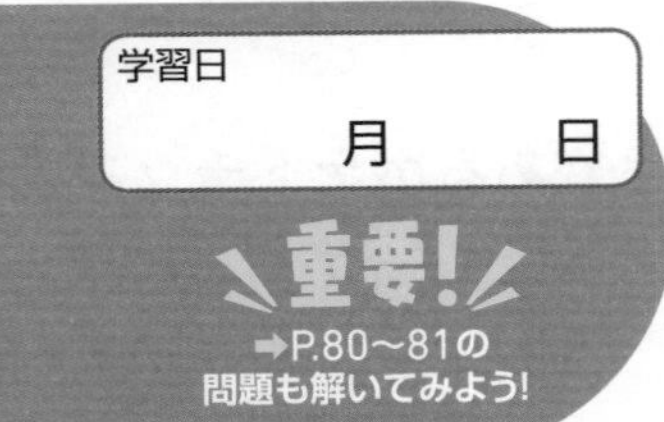

23 平均

要点まとめ

解答▶別冊P.16

平均

★平均

(1) いくつかの数量を，等しい大きさになるようにならしたものを，①[　　　]という。①[　　　]は，いくつかの数量の合計を求めて，それを個数で等分すると考えると，計算で求めることができる。

【平均の求め方】

平均＝合計÷個数

(2)（例）いちごの5個の重さが下の表のようになるとき，1個あたりの平均を求めましょう。

45g，44g，48g，41g，42g

式を書いてみよう

いちごの重さの合計…②[　　　]＝③[　　　]（g）

いちごの個数…④[　　　]個

式　⑤[　　　]÷⑥[　　　]＝⑦[　　　]

よって，1個あたりの平均は⑦[　　　]gである。

(3)（例）ゆうとさんが最近6か月に読み終えた本の冊数が下の表のようになるとき，1か月で平均何冊読んだことになるかを考えましょう。

7月	8月	9月	10月	11月	12月
3冊	6冊	3冊	2冊	0冊	1冊

最近6か月の平均の冊数を求めるので，0冊の月もふくめて考える。

式を書いてみよう

6か月に読み終えた冊数…⑧ [ ] ＝ ⑨ [ ]（冊）

式　⑩ [ ] ÷ ⑪ [ ] ＝ ⑫ [ ]

よって，1か月で平均 ⑫ [ ] 冊読んだことになる。

本の冊数のように，小数では表さないものも，平均では小数で表すことがある。

(4) 平均を使うと，全体の量を予想することができる。

（例1）ことみさんは，この1か月間，1日に小説を約5ページ読みました。1年間同じように読むとすると，1年間では何ページ読むことになりますか。

1年間同じように読むとすると，1年間で読むページ数は，1年間を365日として，

5 × ⑬ [ ] ＝ ⑭ [ ] となる。

よって，1年間で ⑭ [ ] ページの小説を読むことになる。

（例2）みさきさんは自分の歩はば（1歩歩いたときの長さ）がどのくらいかを考えています。歩はばを数回測ると下の表のようになりました。みさきさんが120歩歩くとき，何m歩くことができますか。

何回め	1	2	3	4	5
歩はば	65cm	66cm	64cm	67cm	63cm

まず歩はばの平均を求める。

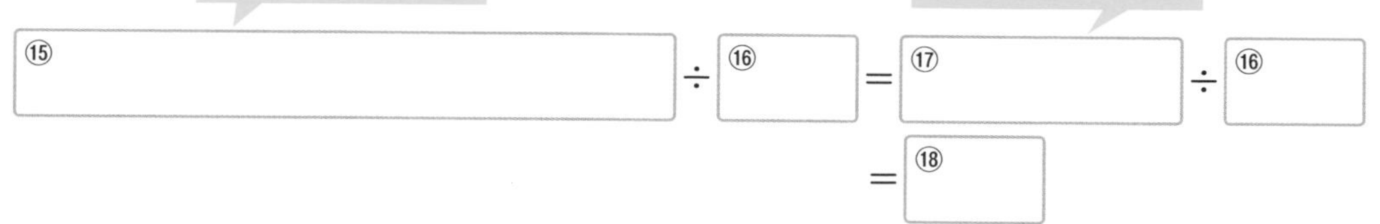

したがって，歩はばの平均は，⑱ [ ] cmである。

みさきさんが，120歩歩いたときの長さは，

⑲ [ ] × 120 ＝ ⑳ [ ]（cm）

よって，㉑ [ ] mとなる。

学習日　月　日

問題を解いてみよう!

解答▶別冊 P.16

1 次の量について，平均を求めなさい。

(1) 25g, 24g, 28g, 23g, 25g, 24g, 26g

[　　　　　]

(2) 208cm, 207cm, 209cm, 210cm

[　　　　　]

(3) 4 点, 2 点, 0 点, 3 点, 2 点

[　　　　　]

(4) 97mL, 101mL, 98mL, 103mL, 101mL, 100mL

[　　　　　]

(5) 2.7m, 2.5m, 2.9m, 3.5m, 2.6m, 3.2m

[　　　　　]

(6) 0.33 秒, 0.41 秒, 0.37 秒, 0.46 秒, 0.43 秒, 0.45 秒, 0.35 秒

[　　　　　]

2 のぼるさんは３月の１か月間に20時間40分家で勉強しました。このとき，次の問いに答えなさい。

⑴３月の１か月間で何分間家で勉強しましたか。

[　　　　　　]

⑵１日に家で勉強した平均の時間は何分間か求めなさい。ただし，３月は31日間あります。

[　　　　　　]

⑶１年間を365日として，１年間同じように勉強すると１年間で何分間家で勉強しているか求めなさい。

[　　　　　　]

⑷⑶より，１年間で何時間何分家で勉強しているか求めなさい。

[　　　　　　]

3 まどかさんはこの１か月間に１日平均1.2kmずつ走りました。このとき，次の問いに答えなさい。

⑴１年間を365日として，１年間同じように走るとすると，１年間では何km走ることになるか求めなさい。

[　　　　　　]

⑵合計で42km走るには何日間かかりますか。

[　　　　　　]

学習日　　月　　日

24 単位量あたりの大きさ

要点まとめ

解答▶別冊 P.17

単位量あたりの大きさ

こみぐあい

(1) (例)Ａ室,Ｂ室,Ｃ室の部屋にいる人数と面積は右の表のようになります。
Ａ室,Ｂ室,Ｃ室のこみぐあいを比べましょう。

	面積（m^2）	人数（人）
Ａ室	12	3
Ｂ室	12	4
Ｃ室	10	3

①面積か人数，どちらか一方が同じ数値のとき

①，③にあてはまるものを〇で囲もう

Ａ室とＢ室では，面積が同じなので，人数が ① 多い・少ない ほうがこんでいる。

よって,Ａ室とＢ室では, ② ______ 室のほうがこんでいる。

Ａ室とＣ室では，人数が同じなので，面積が ③ 大きい・小さい ほうがこんでいる。よって,Ａ室とＣ室では, ④ ______ 室のほうがこんでいる。

②面積も人数もちがう数値のとき
Ｂ室とＣ室では，面積も人数もちがうので，このままでは比べることはできない。

	面積（m^2）	人数（人）
Ｂ室	12→60	4→20
Ｃ室	10→60	3→18

【面積の値をそろえて比べる場合】

面積を12と10の最小公倍数の ⑤ ______ にそろえて比べる。

面積を12と10の最小公倍数にそろえたとき，

Ｂ室の人数…4× ⑥ ______ ＝ ⑦ ______ （人）

Ｃ室の人数…3× ⑧ ______ ＝ ⑨ ______ （人）

あてはまるものを〇で囲もう

よって，面積が同じとき人数が ⑩ 多い・少ない ほうがこんでいるので，

Ｂ室とＣ室では， ⑪ ______ 室のほうがこんでいる。

【人数の値をそろえて比べる場合】

人数を４と３の最小公倍数の ⑫[　　] にそろえて比べる。

	面積（m^2）	人数（人）
Ｂ室	12→36	4→12
Ｃ室	10→40	3→12

Ｂ室の面積…12× ⑬[　　] ＝ ⑭[　　] （m^2）

Ｃ室の面積…10× ⑮[　　] ＝ ⑯[　　] （m^2）

あてはまるものを○で囲もう

よって，人数が同じとき面積が ⑰[大きい・小さい] ほうがこんでいるので，

Ｂ室とＣ室では， ⑱[　　] 室のほうがこんでいる。

【$1m^2$あたりの人数で比べる場合】

	面積（m^2）	人数（人）
Ｂ室	12→1	4→0.333…
Ｃ室	10→1	3→0.3

Ｂ室の$1m^2$あたりの人数

⑲[　　] ÷ ⑳[　　] ＝0.333…なので，

小数第三位を四捨五入すると， ㉑[　　] 人

Ｃ室の$1m^2$あたりの人数は， ㉒[　　] ÷ ㉓[　　] ＝ ㉔[　　] （人）になる。

あてはまるものを○で囲もう

よって，面積が同じとき人数が ㉕[多い・少ない] ほうがこんでいるので，

Ｂ室とＣ室では， ㉖[　　] 室のほうがこんでいる。

同じように，1人あたりの面積で比べることもできる。

(2) $1m^2$あたりの平均の人数や，1人あたりの平均の面積のように，2つの量を組み合わせて表した大きさを， ㉗[　　] あたりの大きさという。

いろいろな単位量あたりの大きさ

(3) 単位面積あたりの人口を ㉘[　　] という。国や都道府県などの人のこみぐあいは， ㉘[　　] で表す。 ㉘[　　] はふつう，1 ㉙[　　] あたりの人数で表す。

面積の単位を書こう

25 速さ

要点まとめ

解答▶別冊P.17

速さ

速さ

(1) 速さの比べ方

(例)AさんとBさんの短きょり走の記録は右の表のようになる。

	時間(秒)	きょり(m)
Aさん	9	50
Bさん	16	80

【1秒間あたりに走った平均のきょりで比べる方法】

Aさんの1秒間あたりに走った平均のきょりは，①[　　] ÷ ②[　　] ＝5.55…

よって，小数第二位を四捨五入すると1秒間あたり③[　　]m進む。

Bさんの1秒間あたりに走った平均のきょりは，④[　　] ÷ ⑤[　　] ＝ ⑥[　　]

よって，1秒間あたり⑦[　　]m進む。

⑧，⑨にあてはまるものを○で囲もう

時間が同じとき進むきょりが⑧[短い・長い]ほうが速いので，

AさんとBさんで速いのは⑨[Aさん・Bさん]である。

【1mあたりにかかった時間の平均で比べる方法】

Aさんの1mあたりにかかった平均の時間は，⑩[　　] ÷ ⑪[　　] ＝ ⑫[　　]

よって，1mあたり⑫[　　]秒かかる。

Bさんの1mあたりにかかった平均の時間は，

⑬[　　] ÷ ⑭[　　] ＝ ⑮[　　]　よって，1mあたり⑮[　　]秒かかる。

⑯，⑰にあてはまるものを○で囲もう

きょりが同じときかかる時間が⑯[短い・長い]ほうが速いので，

AさんとBさんで速いのは⑰[Aさん・Bさん]である。

(2) 速さは，単位時間あたりに進む道のりで表すことができる。

【速さの求め方】　速さ＝ ⑱［　　］ ÷ ⑲［　　］

【道のりの求め方】　道のり＝ ⑳［　　］ × ㉑［　　］

【時間の求め方】　時間＝ ㉒［　　］ ÷ ㉓［　　］

(3)【速さの表し方】

㉔〜㉖にあてはまるものを○で囲もう

１時間あたりに進む道のりで表した速さ… ㉔［時速・分速・秒速］

１分間あたりに進む道のりで表した速さ… ㉕［時速・分速・秒速］

１秒間あたりに進む道のりで表した速さ… ㉖［時速・分速・秒速］

時速・分速・秒速

(4) 速さの表し方がちがう場合は，表し方をあわせてから比べる。

（例）A地点からB地点までバスでは，秒速11mで行きます。車では，時速60kmで行きます。バスと車の速さを比べてみましょう。

バスの秒速を分速になおすと，１分＝60秒より，

㉗［　　］ ×60＝ ㉘［　　］ (m)

車の時速を分速になおすと，１時間＝60分より，

㉙［　　］ ÷60＝ ㉚［　　］ (km)

あてはまるものを○で囲もう

㉚［　　］ km＝ ㉛［　　］ mなので，㉜［バス・車］のほうが速い。

㉝〜㉟に数字を書こう

(5) 秒速に ㉝［　　］ をかけたら分速，

分速に ㉞［　　］ をかけたら時速，

時速を ㉟［　　］ でわったら秒速になる。

学習日　月　日

問題を解いてみよう！

解答▶別冊 P.17

1 次の速さを求めなさい。

(1) 3時間で90km進むトラックの時速

[　　　　　]

(2) 台風が8時間で200km進むときの時速

[　　　　　]

(3) たろうさんが16分間で1360m歩いたときの分速

[　　　　　]

(4) アリが5秒間で60cm進んだときの秒速

[　　　　　]

2 次の道のりを求めなさい。

(1) 時速40kmの自動車が5時間走ったときの道のり

[　　　　　]

(2) はなこさんが分速60mで11分間歩いたときの道のり

[　　　　　]

(3) 馬が分速300mで1時間走ったときの道のり

[　　　　　]

(4) つばめが秒速16mで20秒間飛んだときのきょり

[　　　　　]

3 チーターは秒速36mで走ることができます。このとき，次の問いに答えなさい。

(1)チーターは分速何mで走るか求めなさい。

[　　　　]

(2)チーターは時速何kmで走るか，上から3けたのがい数で表しなさい。

[　　　　]

(3)チーターと時速80kmで走る自動車ではどちらが速いですか。

[　　　　]

4 ひろとさんは100mを20秒で走りました。ひろとさんの速さは秒速何mですか。

[　　　　]

5 うさぎは分速660mで走るそうです。このとき，次の問いに答えなさい。

(1)うさぎの速さは秒速何mですか。

[　　　　]

(2)うさぎが3km300m走りました。うさぎが走った時間は何分ですか。

[　　　　]

学習日　　月　　日

26 図形の性質①

要点まとめ

解答▶別冊 P.19

三角形と四角形

三角形と四角形

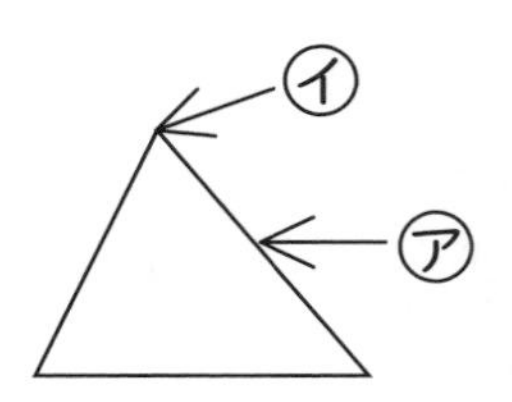

(1) 3本の直線で囲まれた形を ①[　　　] といい，4本の直線で囲まれた形を ②[　　　] という。右の図の㋐の直線のところを ③[　　　] といい，㋑のかどの点を ④[　　　] という。

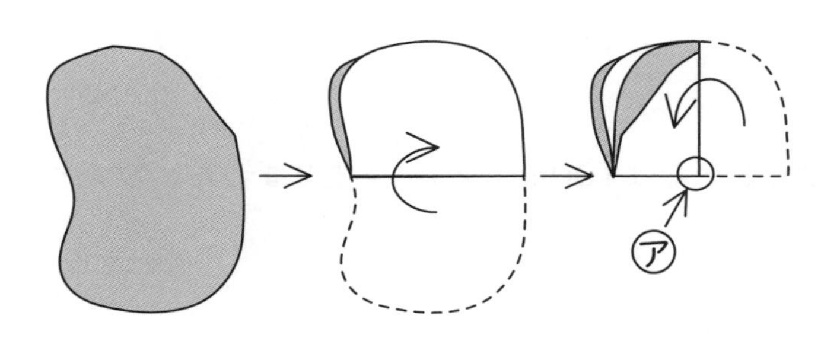

(2) 右の図のように，紙を折って，かどの形を作った。この㋐のようにできたかどの形を，

⑤[　　　] という。

また，三角定規の1つのかどは ⑤[　　　] になっている。

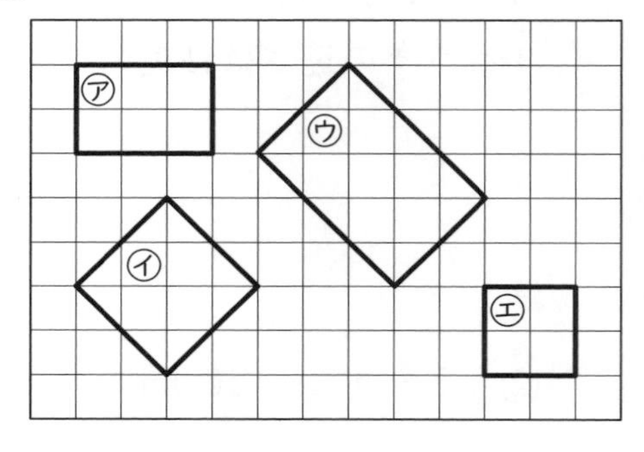

(3) 4つのかどが，みんな直角になっている四角形を ⑥[　　　] という。

⑥[　　　] の向かい合っている辺の長さは同じになっている。

㋐～㋓のいずれか　㋐～㋓のいずれか

（例）右上の図の ⑦[　　　] と ⑧[　　　] は ⑥[　　　] である。

4つのかどがみんな直角で，4つの辺の長さがみんな同じになっている四角形を

⑨［　　　］という。

（例）左ページの下の図の⑩［　　］（㋐～㋓のいずれか）と⑪［　　］（㋐～㋓のいずれか）は⑨［　　　］である。

⑷ 直角のかどがある三角形を⑫［　　　］という。

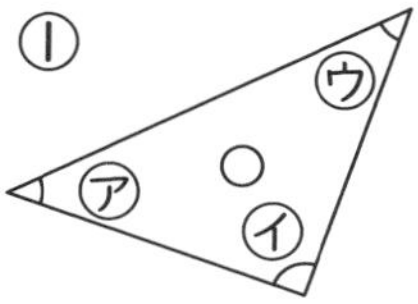

①の三角定規のかどの⑬［　　］（㋐～㋒のいずれか）は直角である。

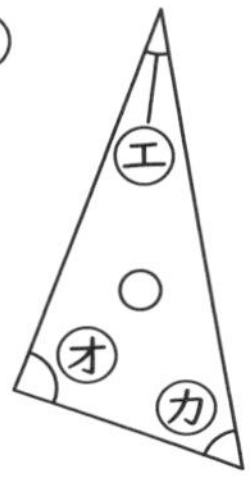

②の三角定規のかどの⑭［　　］（㋓～㋕のいずれか）は直角である。

よって，三角定規は⑫［　　　］である。

二等辺三角形と正三角形

⑸ 1つの頂点から出ている2つの辺がつくる形を**角**という。

角をつくっている辺の開きぐあいを，**角の大きさ**という。

この角の大きさは，辺の長さに関係なく，辺の開きぐあいだけで決まる。

（例）右の㋐～㋓の角について，大きい順に並べると，

⑮［　　］→⑯［　　］→⑰［　　］→⑱［　　］となる。

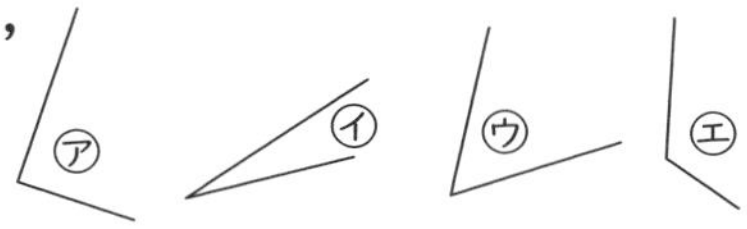

⑹ 右の図のように，2つの辺の長さが等しい三角形を⑲［　　　］という。

⑲［　　　］では，⑳［　　］つの角の大きさが等しくなっている。

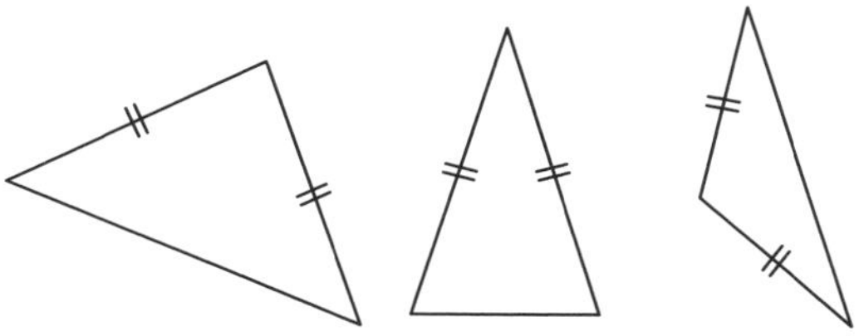

⑺ 右の図のように，3つの辺の長さがどれも等しい三角形を，㉑［　　　］という。

㉑［　　　］では，㉒［　　］つの角の大きさがすべて等しくなっている。

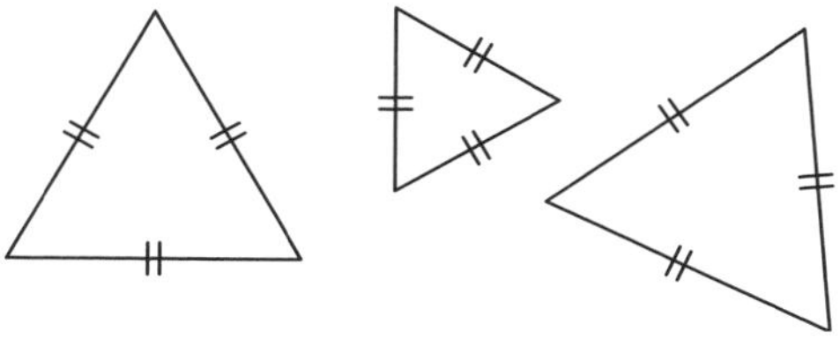

27 図形の性質②

要点まとめ

解答▶別冊P.19

垂直と平行

★ 垂直と平行

(1) 右の図の㋐と㋑の直線のように，2本の直線が交わってできる角が直角のとき，㋐と㋑の直線は，

[①　　　] であるという。

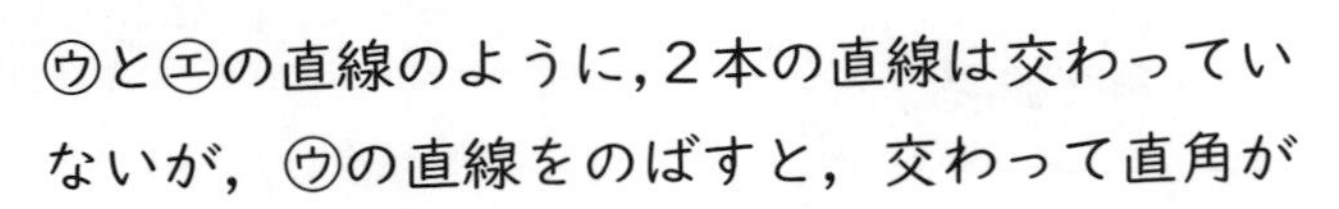

㋒と㋓の直線のように，2本の直線は交わっていないが，㋒の直線をのばすと，交わって直角ができるときも，2本の直線は [①　　　] であるという。

(2) 右の図で，㋐の直線に対し，[②　　　] となっている㋑，㋒について，2本の直線は [③　　　] であるという。

(3) 右の図の，横の直線㋐，㋑，㋒は平行である。この横の直線に㋓のような，ななめの直線が交わってできる角の大きさは等しくなる。つまり，平行な直線は，他の直線と等しい角度で交わる。

平行な直線㋐，㋑に垂直な直線㋔，㋕をひく。この㋔や㋕の長さを直線のはばといい，2本の平行な直線のはばは，どこも等しくなっている。平行な直線はどこまでのばしても交わらない。

（例） 直線㋐〜㋕のうち，直線㋐と直線 [④　　　] と直線 [⑤　　　] の3本の直線はどこまでのばしても交わらない。

直線㋐〜㋕のうち，直線㋔と直線 [⑥　　　] の2本の直線もどこまでのばしても交わらない。

★いろいろな四角形

(4) 右の図の㋐のように，向かい合った１組の辺が平行な四角形を ⑦［　　　　］といい，㋑のように，向かい合った２組の辺が平行な四角形を ⑧［　　　　］という。

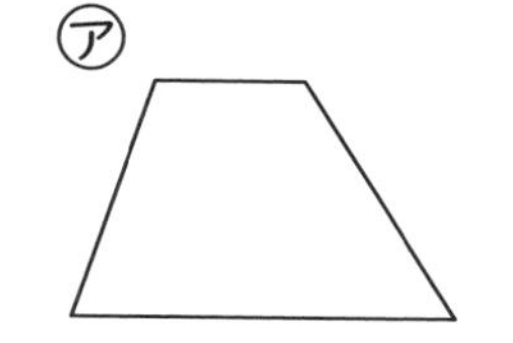

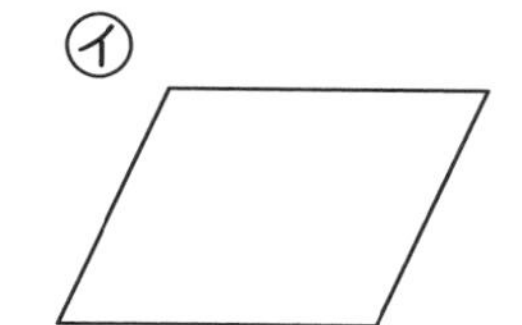

あてはまるものを○で囲もう

(5) 平行四辺形の向かい合った辺の長さは，⑨［等しくなって・異なって］いる。

あてはまるものを○で囲もう

また，向かい合った角の大きさは，⑩［等しくなって・異なって］いる。

この特ちょうは平行四辺形の形や大きさによらず，どんな平行四辺形でもいえる。

(6) 右の図のように，４つの辺の長さがすべて等しい四角形を，⑪［　　　　］という。

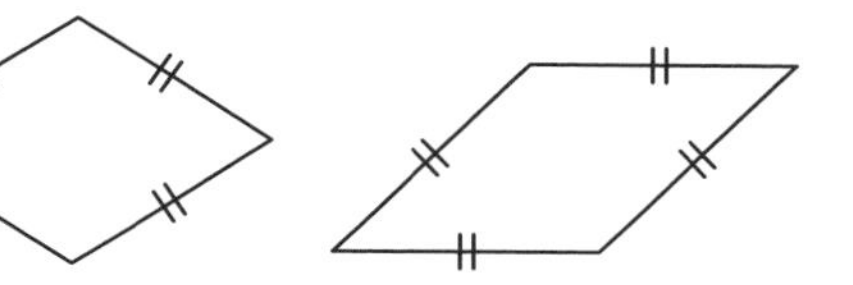

⑪［　　　　］の向かい合った辺は**平行**になっている。また，向かい合った角の大きさは

あてはまるものを○で囲もう

⑫［等しくなって・異なって］いる。つまり，平行四辺形と同じ特ちょうを持っている。

(7) いろいろな対角線の特ちょうを表にまとめる。

○：いつでもあてはまる　×：あてはまらないことがある

	台形	平行四辺形	ひし形	長方形	正方形
２本の対角線の長さが等しい	⑬	⑭	⑮	○	⑯
２本の対角線がそれぞれの真ん中の点で交わる	⑰	○	⑱	⑲	⑳
２本の対角線が垂直である	×	㉑	㉒	㉓	㉔

⑬～㉔に○か×を書こう

問題を解いてみよう！

解答▶別冊P.19

1 右の㋐～㋕の直線について，次の問いに答えなさい。

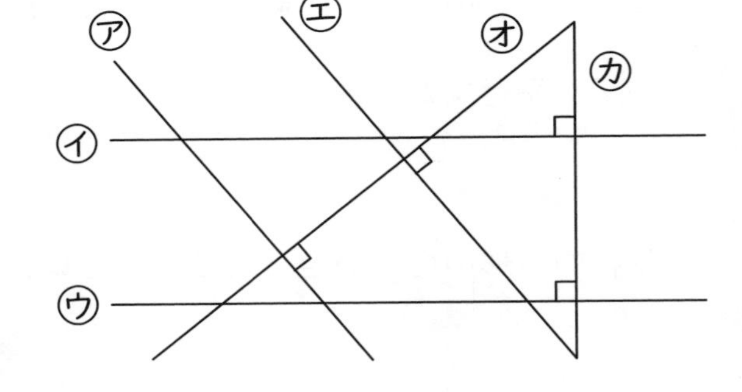

(1) ㋑の直線と垂直な直線はどれですか。

[　　　　]

(2) ㋑の直線と平行な直線はどれですか。

[　　　　]

(3) ㋔の直線と垂直な直線はどれとどれですか。

[　　　　]

(4) (2)以外に平行な直線の組はどれとどれですか。

[　　　　]

2 右の㋐～㋓の四角形について，次の問いに答えなさい。

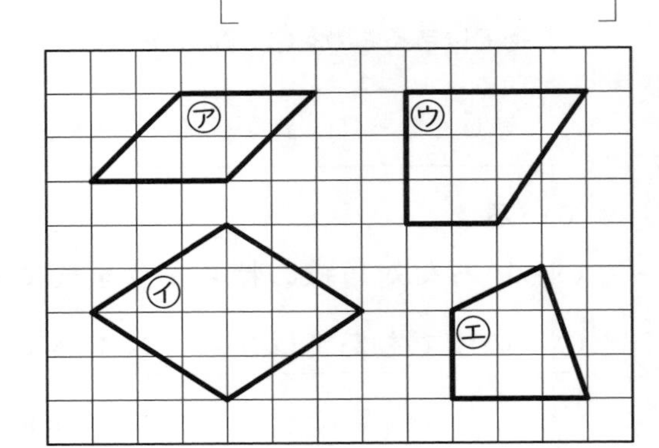

(1) 平行四辺形はどれとどれですか。

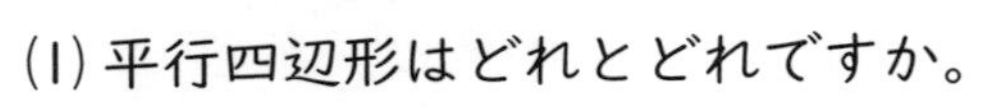

[　　　　]

(2) 台形はどれですか。

[　　　　]

(3) ひし形はどれですか。

[　　　　]

3 右の四角形は平行四辺形です。次の問いに答えなさい。

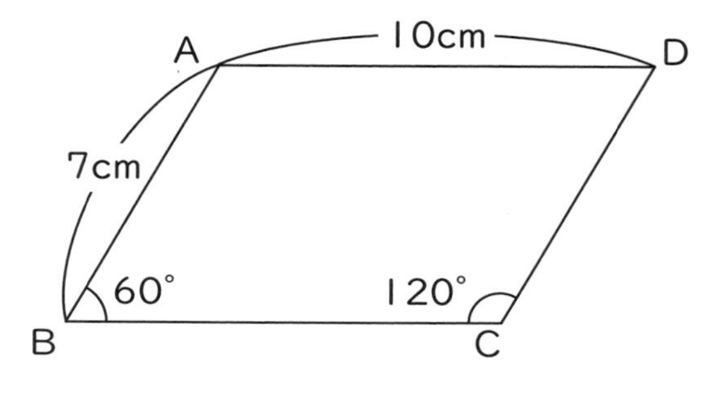

(1) 辺BCの長さは何cmですか。

(2) 辺DCの長さは何cmですか。

[　　　　　　]

(3) 角Aの大きさは何度ですか。

[　　　　　　]

(4) 角Dの大きさは何度ですか。

[　　　　　　]

4 四角形の対角線が下の図のようになっているとき，それぞれどんな四角形がかけるか答えなさい。

(1)

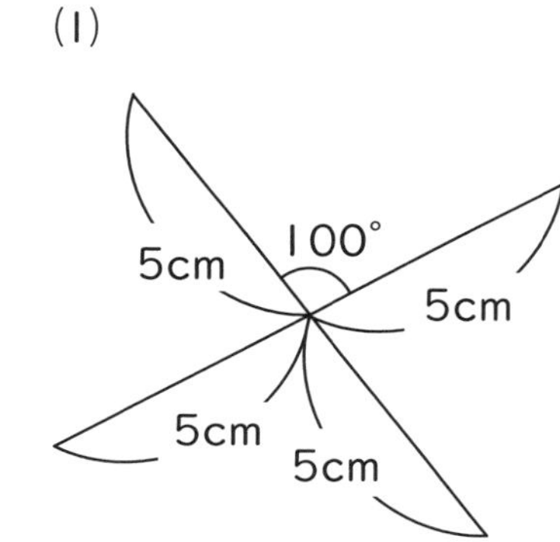

[　　　　　　]

(2)

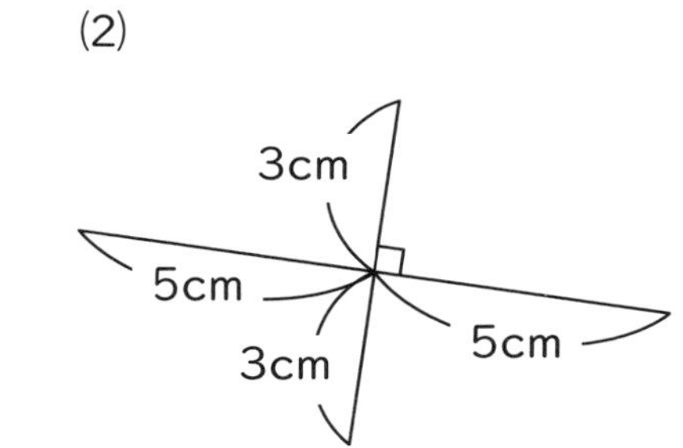

[　　　　　　]

(3)

4cm
4cm
4cm
4cm

[　　　　　　]

28 拡大・縮小

要点まとめ

解答▶別冊P.20

合同な図形

合同な図形

(1) ぴったり重ね合わせることのできる2つの図形は，**合同**であるという。
合同な図形は，形も大きさも同じである。
また，裏返すとぴったり重ね合わせることのできる2つの図形も，合同であるという。

(2) 合同な図形で，重なり合う辺のことを**対応する辺**という。
合同な図形では，対応する辺の長さは ① 等しくなって・異なって いる。 あてはまるものを○で囲もう

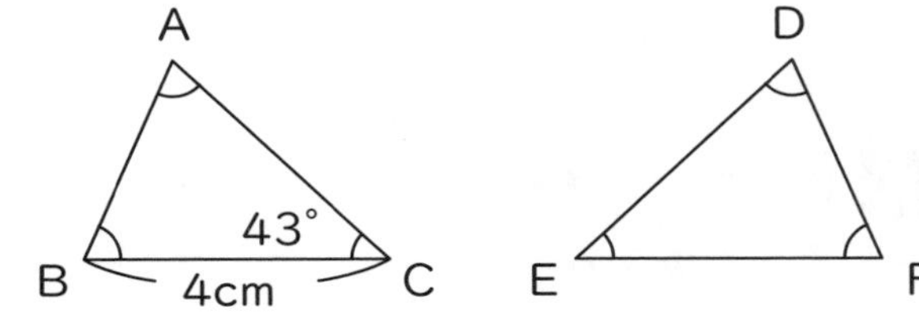

（例）右上の図の三角形は合同で，辺ABに対応する辺は辺 ② で，辺EFに対応する辺は辺 ③ である。
よって，辺EFの長さは ④ cmである。

(3) 合同な図形で，重なり合う角のことを**対応する角**という。

あてはまるものを○で囲もう

合同な図形では，対応する角の大きさは ⑤ 等しくなって・異なって いる。

（例）上の図の角Aに対応する角は角 ⑥ である。角Eに対応する角は角 ⑦ である。よって，角Eの大きさは ⑧ である。

(4) 合同な図形で，重なり合う点のことを**対応する点**という。

（例）上の図で，点Bに対応する点は点 ⑨ である。

(5) 右の四角形の中で，合同な２つの三角形を組み合わせてつくることができないものは

⑩ 台形・平行四辺形・長方形・ひし形・正方形

である。　あてはまるものを○で囲もう

台形　平行四辺形　長方形　ひし形　正方形

２本の対角線をひいてできる４つの三角形が合同になるものは，

正方形と ⑪ 台形・平行四辺形・長方形・ひし形 である。

あてはまるものを○で囲もう

拡大図と縮図

拡大図と縮図

(6) もとの図を，形を変えないで大きくした図を ⑫［　　　］といい，形を変えないで小さくした図を ⑬［　　　］という。

(7) ⑫［　　　］や ⑬［　　　］は，対応する ⑭［　　　］がそれぞれ等しく，対応する ⑮［　　　］の比がどれも等しくなっている図である。

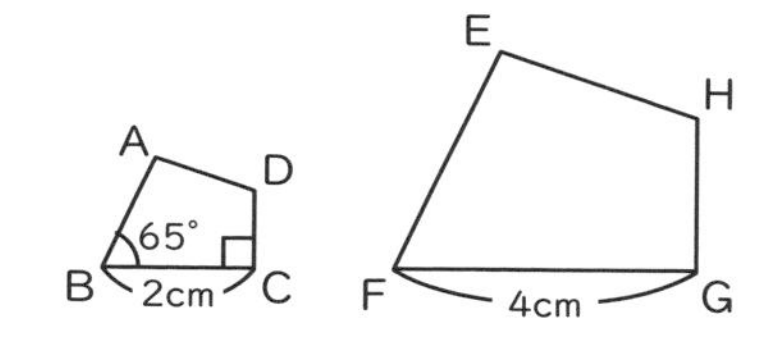

中学では

どうなる?

● ２つの図形が合同になる条件（合同条件）を学習するよ。
三角形の合同条件は次の３つがあるよ。
「3組の辺がそれぞれ等しい」
「2組の辺とその間の角がそれぞれ等しい」
「1組の辺とその両端の角がそれぞれ等しい」

● いろいろな図形の性質を，三角形が合同であることを利用して説明するよ。

学習日　　月　　日

問題を解いてみよう！

解答▶別冊P.20

1 下の２つの四角形は合同です。このとき，次の問いに答えなさい。

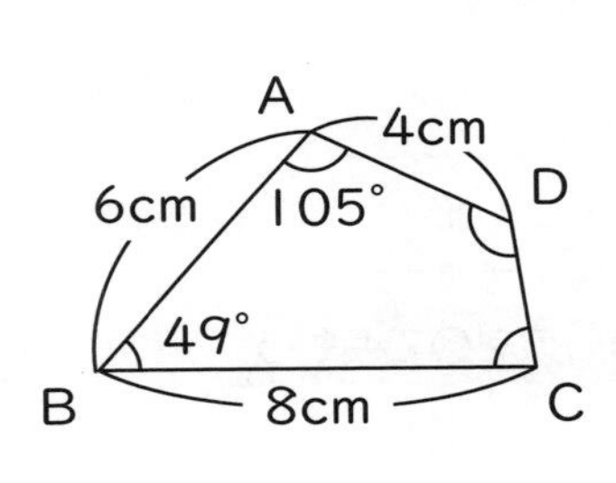

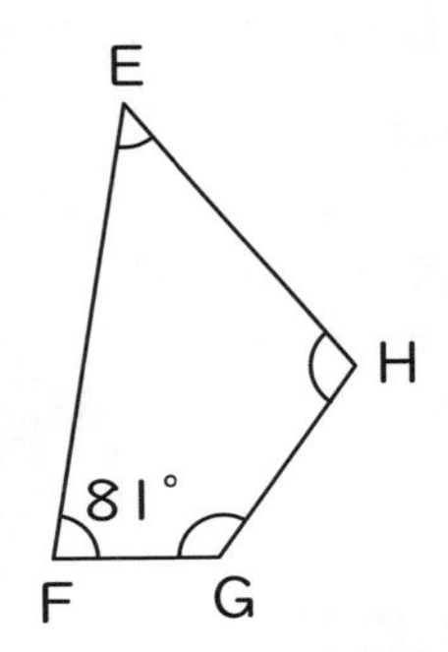

(1) 辺ADに対応する辺はどれですか。

[　　　　]

(2) 角Dに対応する角はどれですか。

[　　　　]

(3) 点Bに対応する点はどれですか。

[　　　　]

(4) 辺EFの長さを求めなさい。

[　　　　]

(5) 辺EHの長さを求めなさい。

[　　　　]

(6) 角Hの大きさを求めなさい。

[　　　　]

(7) 角Cの大きさを求めなさい。

[　　　　]

2 下の２つの四角形は拡大図と縮図の関係にあります。このとき，次の問いに答えなさい。

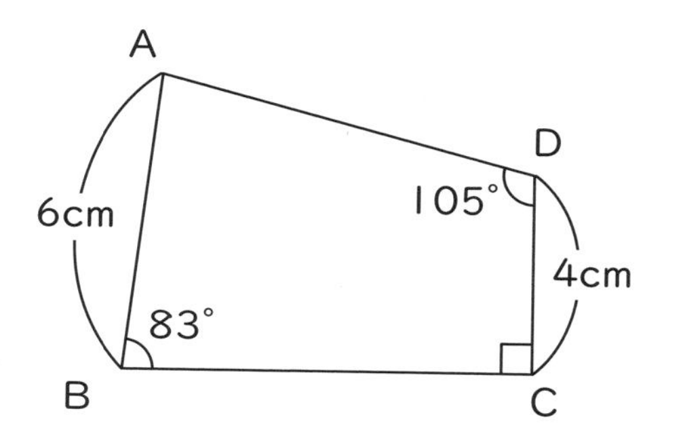

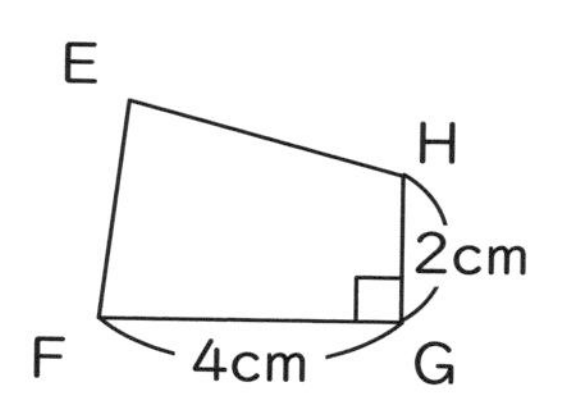

(1) 辺CDに対応する辺はどれですか。

[　　　　　]

(2) 四角形ABCDは四角形EFGHの何倍の拡大図ですか。

[　　　　　]

(3) 四角形EFGHは四角形ABCDの何分の一の縮図ですか。

[　　　　　]

(4) 辺ADに対応する辺はどれですか。

[　　　　　]

(5) 辺BCの長さを求めなさい。

[　　　　　]

(6) 辺EFの長さを求めなさい。

[　　　　　]

(7) 角Fの大きさを求めなさい。

[　　　　　]

29 三角形・四角形の面積

要点まとめ

解答▶別冊P.20

三角形・四角形の面積

長方形と正方形の面積

(1) 長方形や正方形などの広さのことを面積という。

1辺が1cmの正方形の面積を1cm^{2}と書き，

1 ①[　　　] という。

(2)【長方形の面積の求め方】　縦× ②[　　]

【正方形の面積の求め方】　③[　　] × ④[　　]

（例1）縦の長さが5cm，横の長さが7cmの長方形の面積

式　5× ⑤[　　] = ⑥[　　]，よって，長方形の面積は，⑥[　　] cm^{2}となる。

（例2）1辺の長さが6cmの正方形の面積

式　6× ⑦[　　] = ⑧[　　]，よって，正方形の面積は，⑧[　　] cm^{2}となる。

三角形・四角形の面積

(3) 平行四辺形の面積は，右のように，面積の求め方がわかっている ⑨[　　] に形を変えれば求めることができる。

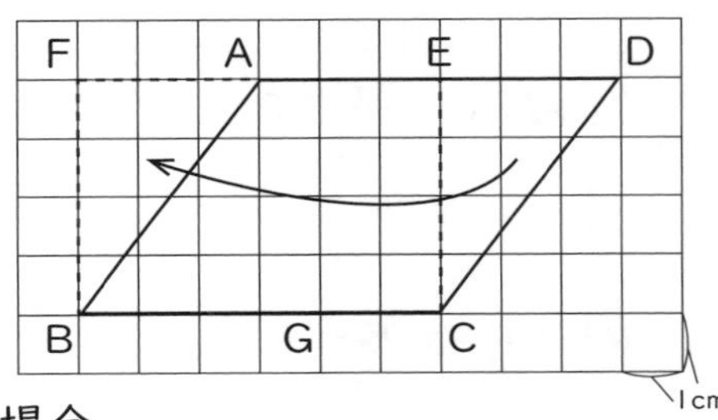

（例）右上の平行四辺形ABCDの面積を求める場合

三角形ECDを動かして平行四辺形ABCDを長方形FBCEに変える。

平行四辺形ABCDは，縦の長さが ⑩[　　] cm，横の長さが ⑪[　　] cmの長方形の面積と等しくなる。よって，⑫[　　]（縦）× ⑬[　　]（横）= ⑭[　　]（cm^2）となる。

(4)【平行四辺形の面積の求め方】　底辺× ⑮[　　]

(5)【三角形の面積の求め方】

底辺× ⑯ ÷ ⑰

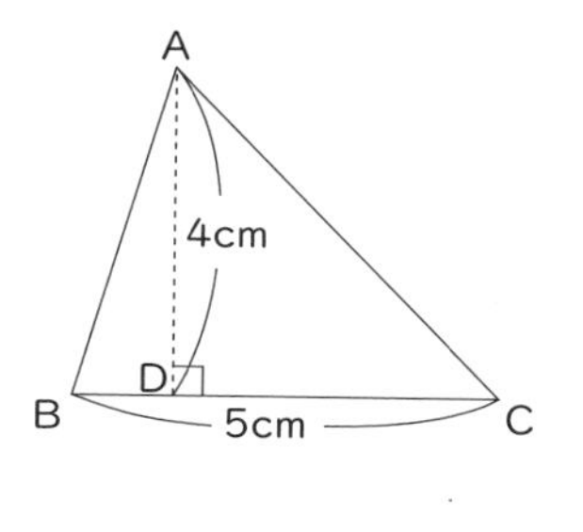

(例) 右の三角形ABCの面積

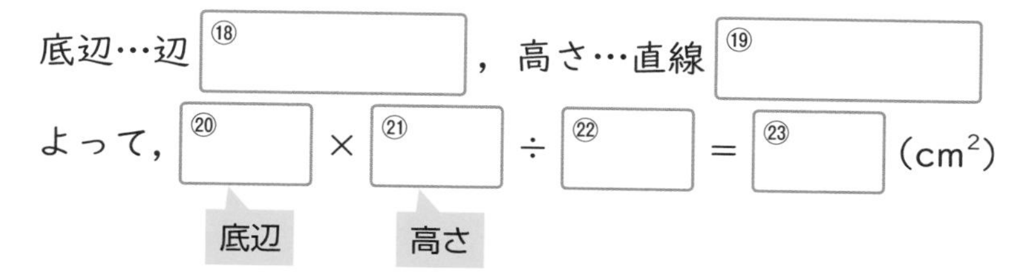

底辺…辺 ⑱ ，高さ…直線 ⑲

よって， ⑳ × ㉑ ÷ ㉒ = ㉓ (cm^2)

(6) 右の台形で平行な２つの辺AD, BCのうち，
辺ADを上底，辺BCを下底という。
上底と下底に垂直な直線AEの長さを高さという。
直線GH, DFなどの長さも高さである。

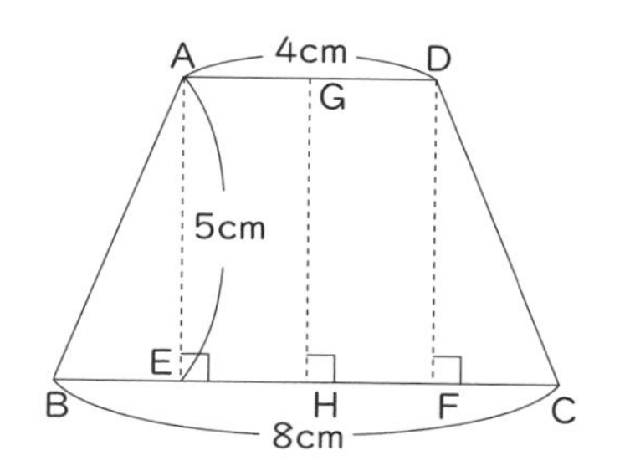

(7)【台形の面積の求め方】

(上底＋ ㉔) × ㉕ ÷２

(例) 右上の台形ABCDの面積

(4＋ ㉖) × ㉗ ÷２＝ ㉘ (cm^2)

(8)【ひし形の面積の求め方】 一方の対角線×もう一方の対角線÷ ㉙

(例) ひし形の対角線の長さが7cmと10cmとなるとき，

7× ㉚ ÷ ㉛ ＝ ㉜ (cm^2) となる。

(9) 身のまわりのいろいろなものを，面積の求め方がわかっている図形とみると，およその面積を求めることができる。

(例) 右の図形を長方形とみて，およその面積を求める。
縦の長さが14cm，横の長さが10cmの長方形とみると，

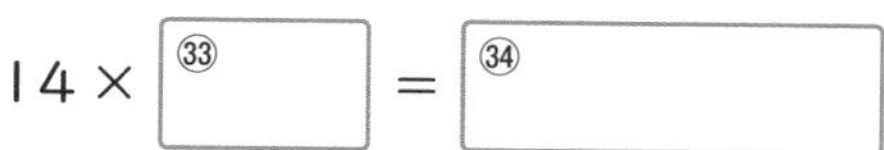

14× ㉝ ＝ ㉞

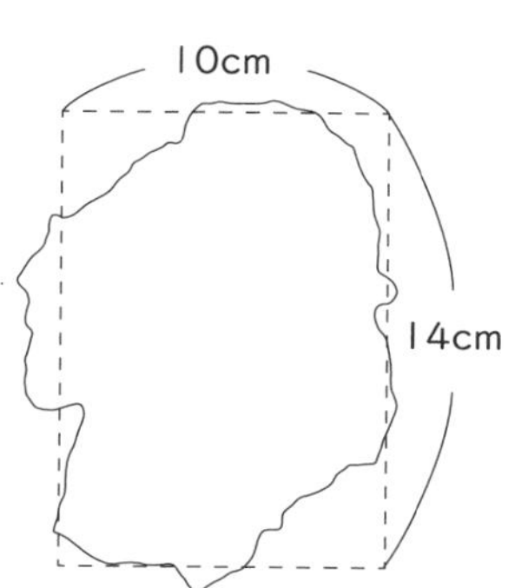

よって，この図形の面積は約 ㉞ cm^{2}と考えられる。

問題を解いてみよう！

解答▶別冊 P.20

1 次の図の面積を求めなさい。

(1) （長方形）

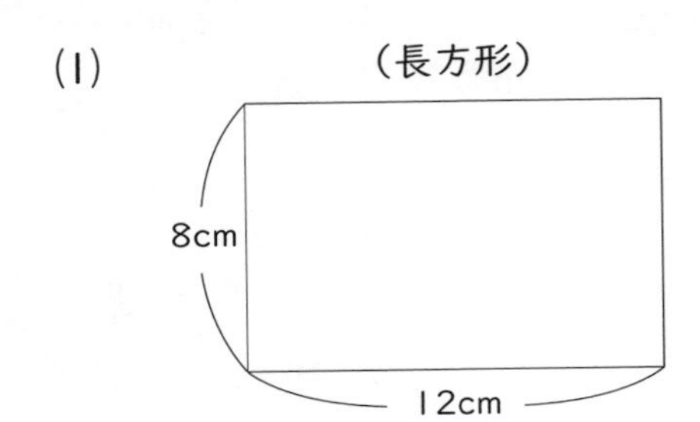

[　　　　]

(2) （正方形）

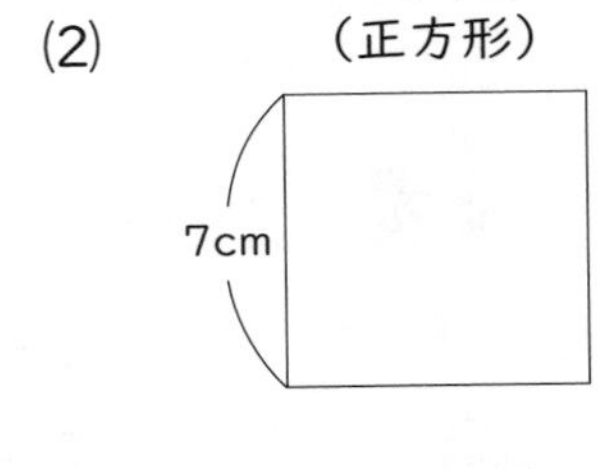

[　　　　]

(3) （平行四辺形）

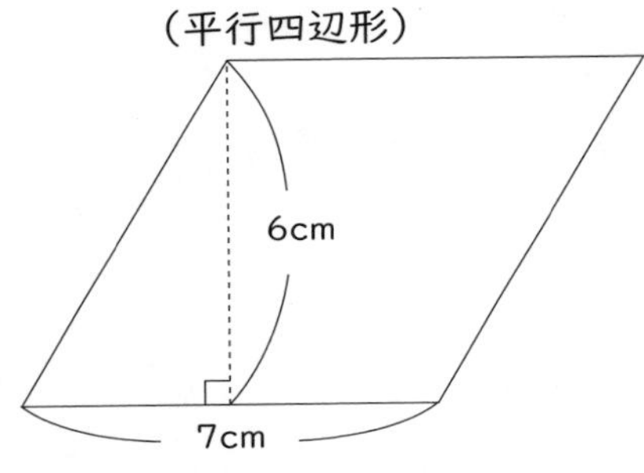

[　　　　]

(4) （平行四辺形）

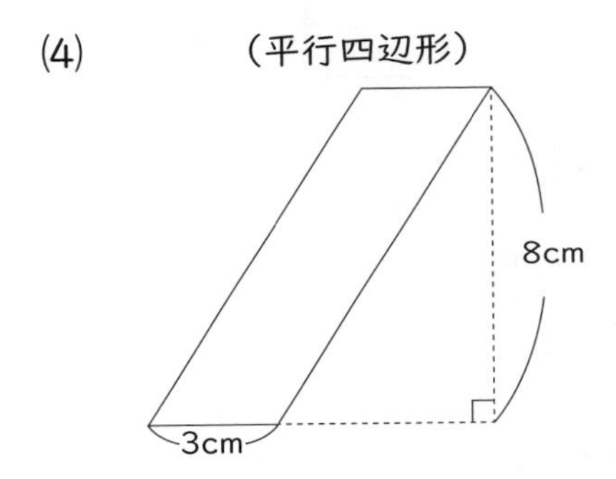

[　　　　]

(5)　（ひし形）

10cm
8cm

(6)

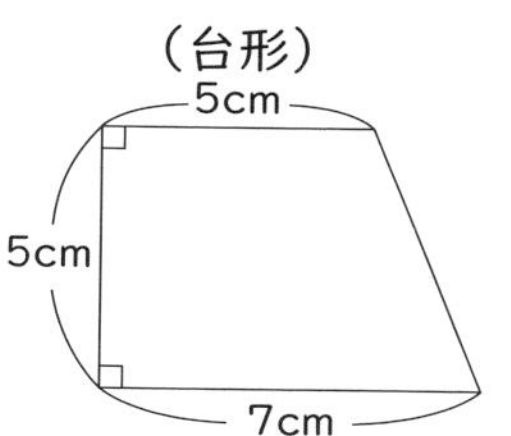

[　　　　　　]　　[　　　　　　]

2 右のような四角形を組み合わせた図形の面積の求め方を，ゆいさん，あおいさんは次のように考えました。このとき，次の問いに答えなさい。

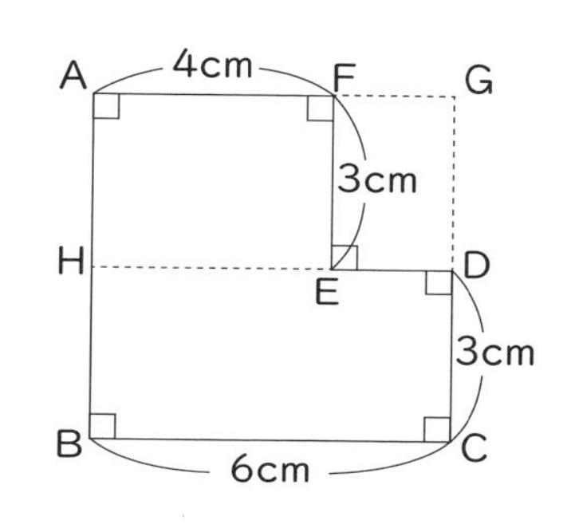

ゆいさん「直線HEをひいて，２つの長方形に分けて考えます。」

あおいさん「大きい正方形ABCGの面積から余分な長方形の面積をひいて考えます。」

(1) ゆいさんの考え方で面積を求めるときの式を書きなさい。

[　　　　　　]

(2) あおいさんの考え方で面積を求めるときの式を書きなさい。

[　　　　　　]

(3) この図形の面積を求めなさい。

[　　　　　　]

3 右の図形を三角形とみて，およその面積を求めなさい。

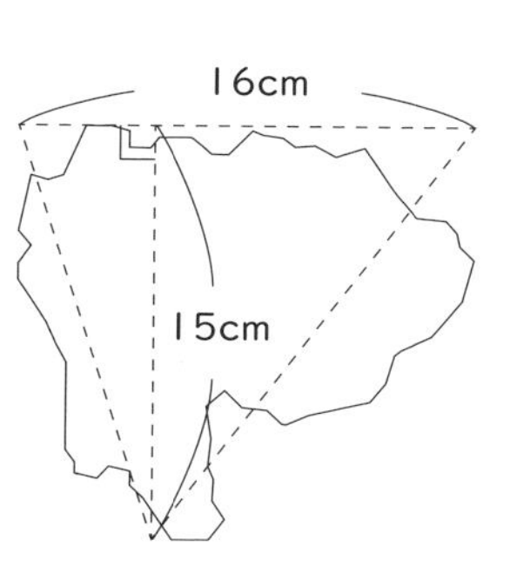

[　　　　　　]

学習日　　月　　日

30 多角形・円・球

要点まとめ

解答▶別冊 P.21

多角形・円・球

円と球

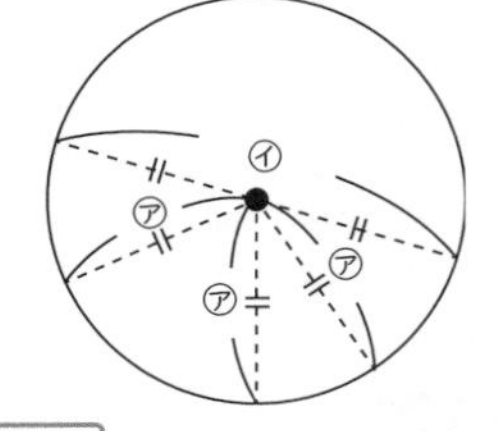

(1) 1つの点から長さが同じになるようにかいたまるい形を，円という。

(2) 円の真ん中の点を，円の中心という。

(3) ㋐のように中心から円のまわりまでひいた直線を，① [　　　] という。

(4) ㋑のように中心を通るように円のまわりからまわりまでひいた直線を，② [　　　] という。② [　　　] の長さは，半径の長さの ③ [　　] 倍となる。② [　　　] どうしは，④ [　　　] で交わる。

あてはまるものを○で囲もう

直径は円の中にひいた直線の中でいちばん ⑤ [短く・長く] なる。

(5) ボールのような，どこから見ても円に見える形を，球という。

球のどこを切っても，切り口の形はいつも ⑥ [　　] になる。

球の切り口は，半分に切ったとき，いちばん ⑦ [小さく・大きく] なる。

あてはまるものを○で囲もう

多角形

(6) 右の図のような6本の直線で囲まれた図形を ⑧ [　　　] という。

このように，いくつかの直線で囲まれた図形を

⑨ [　　　] という。

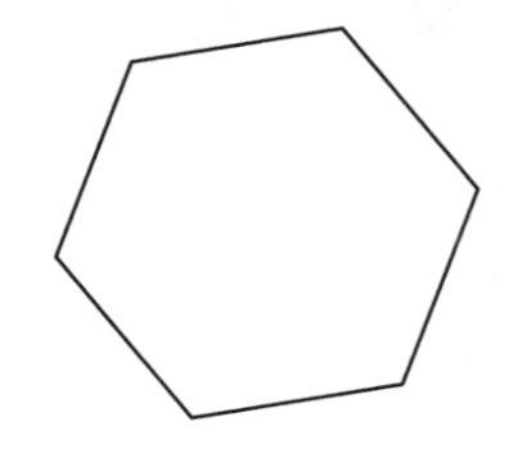

(7) 右の図のような，5つの辺の長さがすべて等しく，5つの角の大きさもすべて等しくなっている五角形を ⑩ ＿＿＿ という。
このように，辺の長さがすべて等しく，角の大きさもすべて等しい多角形を，⑪ ＿＿＿ という。

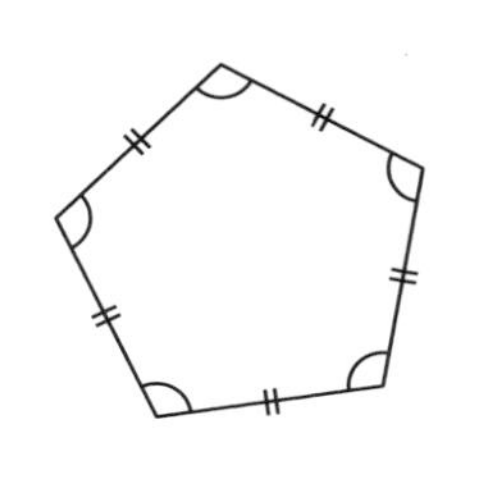

(8)【円を使って正多角形をかく方法】
（例）正九角形をかく方法

1. 円の中心のまわりの角を ⑫ ＿＿＿ つに等分する。
2. ⑬ ＿＿＿ ÷ ⑭ ＿＿＿ ＝ ⑮ ＿＿＿ より，半径と半径の間の角が ⑮ ＿＿＿ 度になるように半径をかく。
3. 円と交わった点を頂点とし，直線でつなぐ。

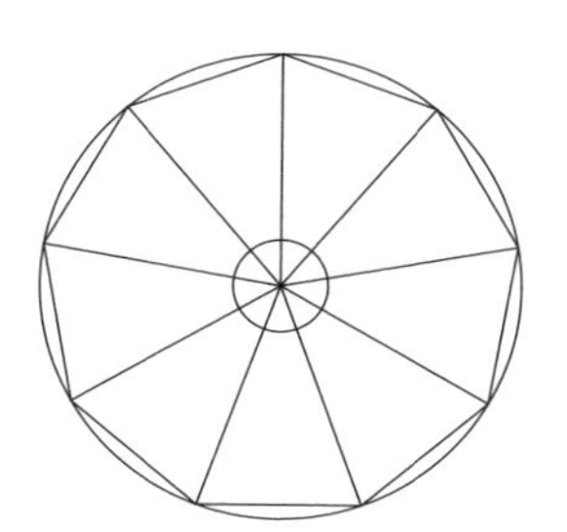

円周の長さ，円の面積

(9) 円のまわりを円周という。
円周の長さは，⑯ ＿＿＿ の長さの約3.14倍になっており，どんな大きさの円でも，円周の長さと ⑯ ＿＿＿ の長さの割合は等しくなっている。

(10) 円周の長さが，直径の長さの何倍になっているかを表す数を，⑰ ＿＿＿ といい，⑰ ＿＿＿ は約3.14となる。

(11)【円周の長さの求め方】円周の長さ＝ ⑱ ＿＿＿ ×円周率（3.14）

(12)【円の面積の求め方】
円の面積＝ ⑲ ＿＿＿ × ⑳ ＿＿＿ ×円周率（3.14）

中学では

どうなる？

- 円周率を π（パイ）という文字を使って表すよ。
- 右の図のような，円の一部になっている図形をおうぎ形というよ。
このおうぎ形の曲線部分を弧（こ）といい，おうぎ形の弧の長さや面積を求めるよ。

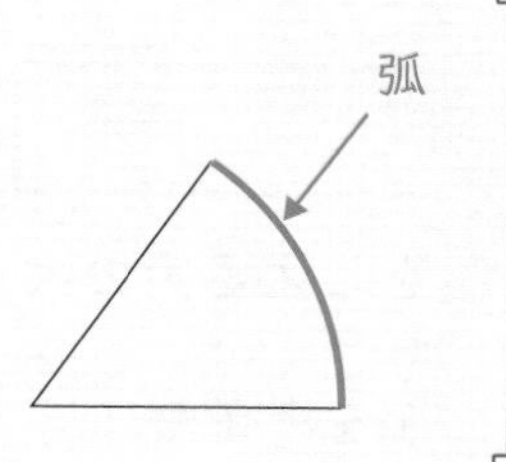

31 角度

要点まとめ

解答▶別冊P.21

角

二等辺三角形・正三角形の角

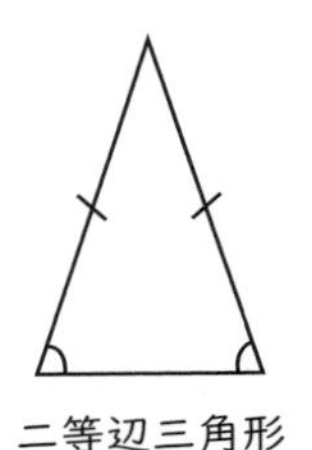

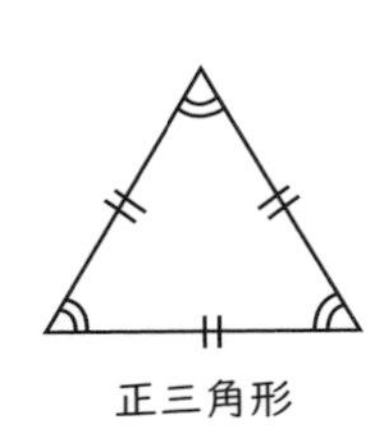

(1) 右の図のように，二等辺三角形では，① [ ] つの角の大きさが等しくなっている。

(2) 右の図のように，正三角形では，② [ ] つの角の大きさがみんな等しくなっている。

角の大きさ

(3) 角の大きさの単位は ③ [ ] といい，角の大きさのことを ④ [ ] ともいう。

(4) 下の図の，1組の三角定規の角の大きさをそれぞれ書きなさい。

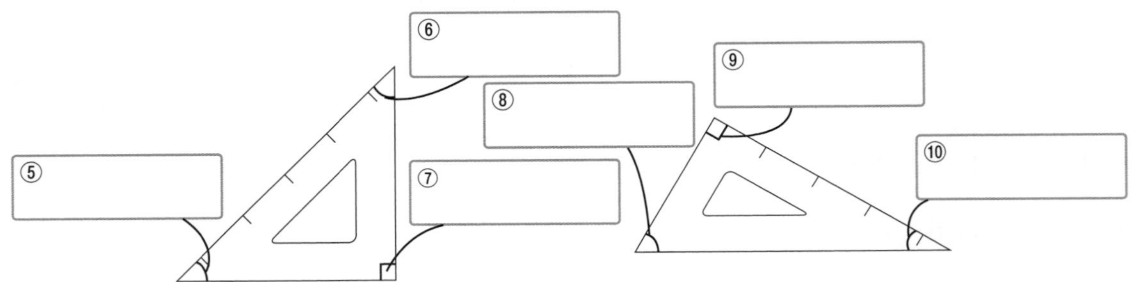

(5) 直角の大きさは ⑪ [ ] で，半回転の角の大きさは ⑫ [ ] ，一回転の角の大きさは ⑬ [ ] である。右の図のⓐのように，180°をこえる角の大きさは，⑫ [ ] とあと何度かを考えたり，⑬ [ ] から何度ひくかを考えたりして求めることができる。

120°
ⓐ

三角形・四角形の角の大きさの和

(6) 三角形の３つの角の大きさの和は，⑭ 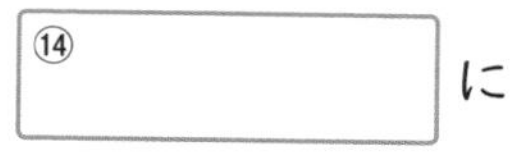 になる。

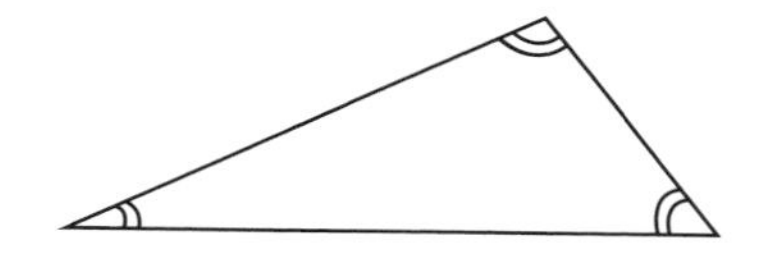

(7) 四角形の４つの角の大きさの和は，⑮ [　　　　] になる。

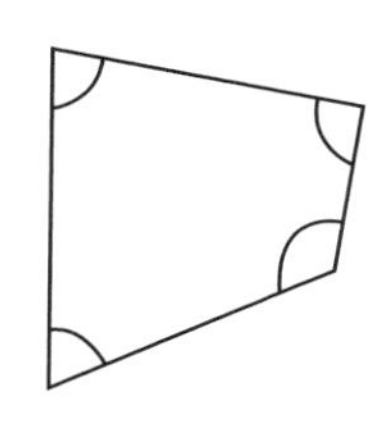

多角形の角の大きさの和

(8) 右の図のように，多角形は，１つの頂点からの対角線によって，いくつかの ⑯ 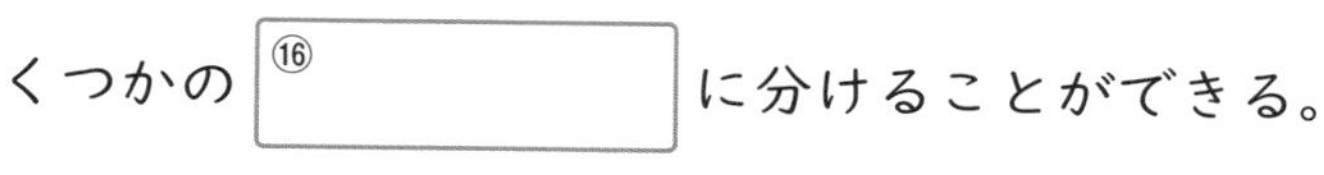 に分けることができる。

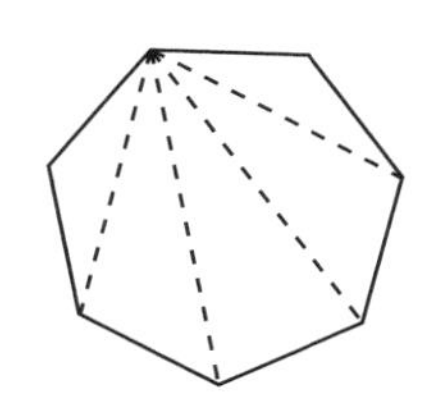

(9) 多角形をいくつかの三角形に分けたときの三角形の数と，角の大きさの和を表にまとめなさい。

	三角形	四角形	五角形
三角形の数	⑰	⑱	⑲
角の大きさの和	⑳	㉑	㉒

	六角形	七角形	八角形
三角形の数	㉓	㉔	㉕
角の大きさの和	㉖	㉗	㉘

中学では どうなる?

● 右の図のあ，い，うの角のことを三角形の内角（ないかく），えの角のことを三角形の外角（がいかく）というよ。

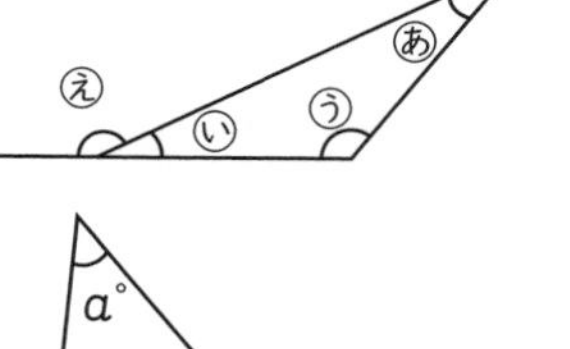

● 右の図のように，角度は $a°$，$b°$ のように表すよ。
三角形の外角は，それととなり合わない２つの内角の和に等しいことを習うよ。

$a°$
$b°$
$(a+b)°$

● 中学では多角形を，アルファベットを使って n 角形というよ。
n 角形の内角の和は $180° \times (n-2)$ で表すことができるよ。

学習日　月　日

問題を解いてみよう！

解答▶別冊 P.21

1 次の問いに答えなさい。

(1)右の図は，1組の三角定規を使って角を作ったものです。あの角の大きさは何度ですか。

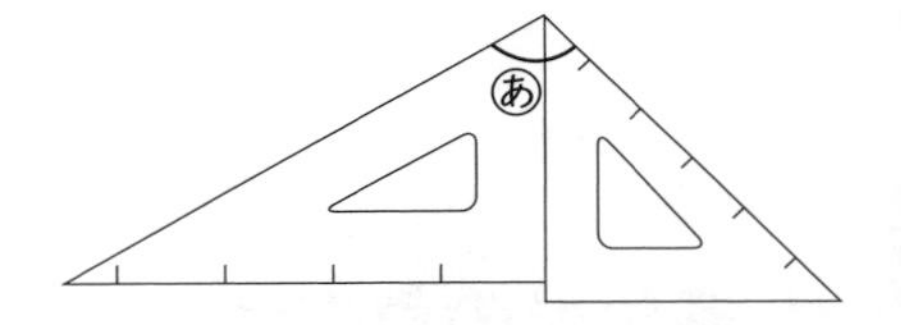

[　　　　]

(2)右の図は，1組の三角定規を使って角を作ったものです。いの角の大きさは何度ですか。

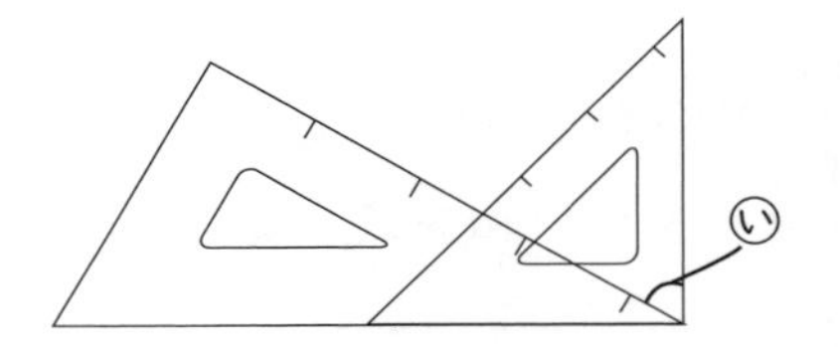

[　　　　]

(3)右の図のうの角の大きさは何度ですか。

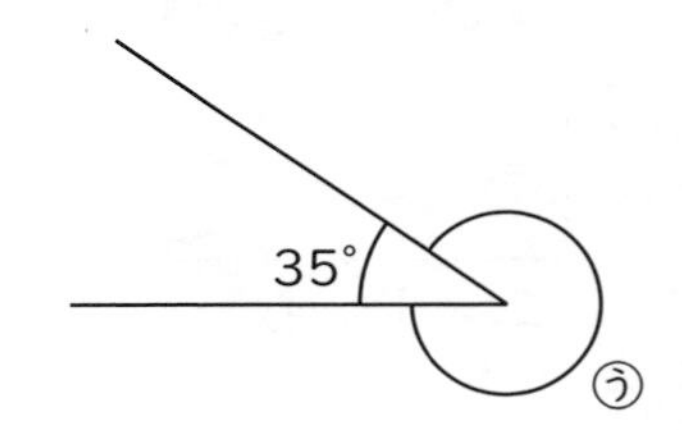

[　　　　]

(4)右の図のえの角の大きさは何度ですか。

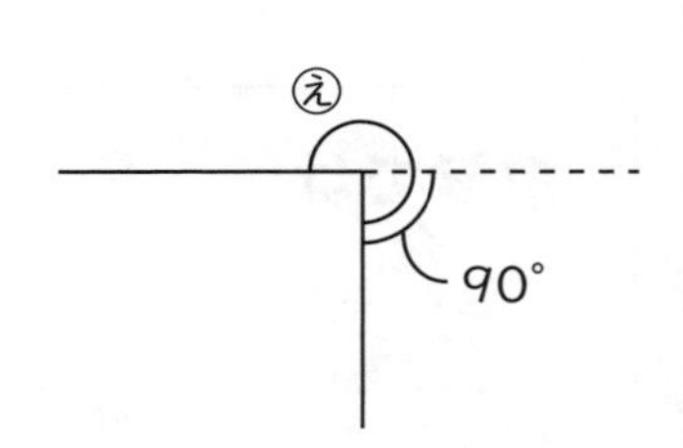

[　　　　]

2 次の三角形や四角形について，㋐～㋕の角の大きさをそれぞれ求めなさい。

(1)

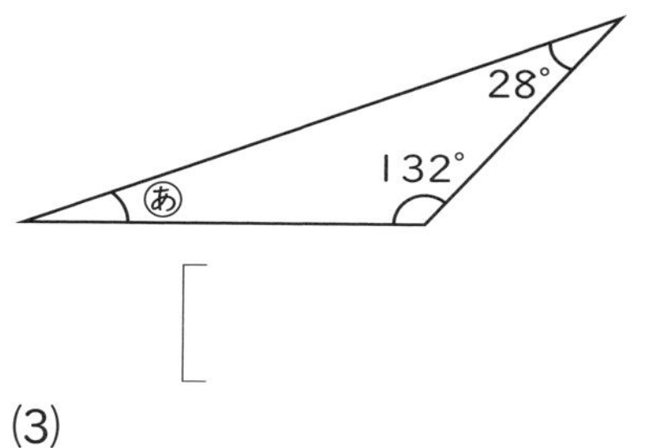

[　　　　　　　　]

(2)

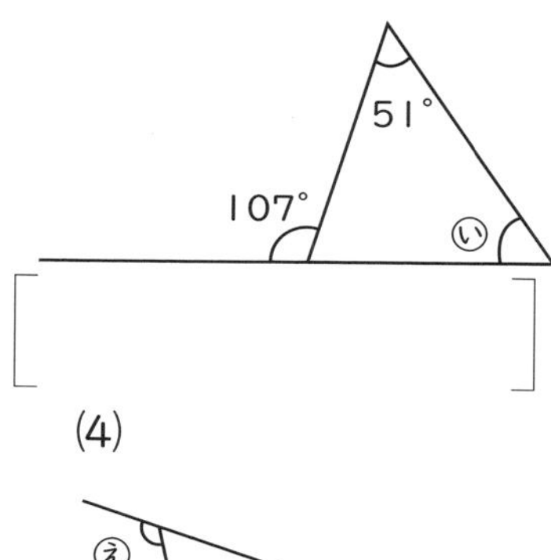

[　　　　　　　　]

(3)

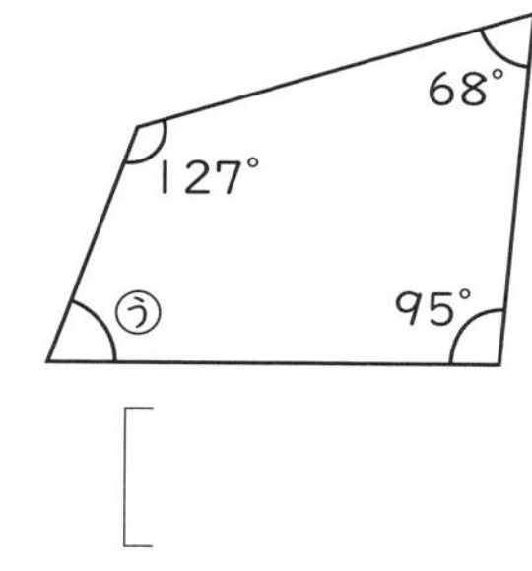

[　　　　　　　　]

(4)

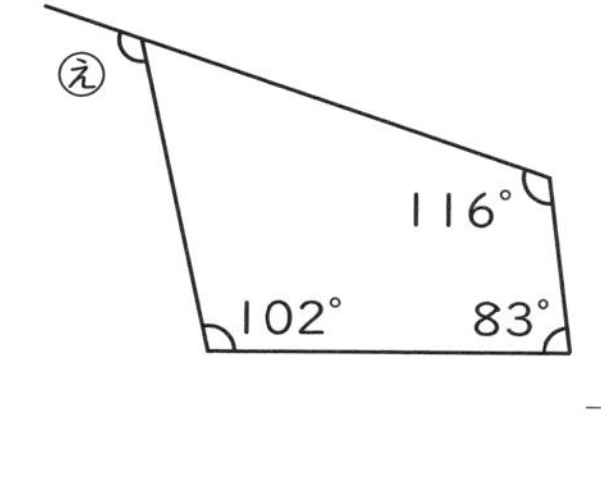

[　　　　　　　　]

(5)

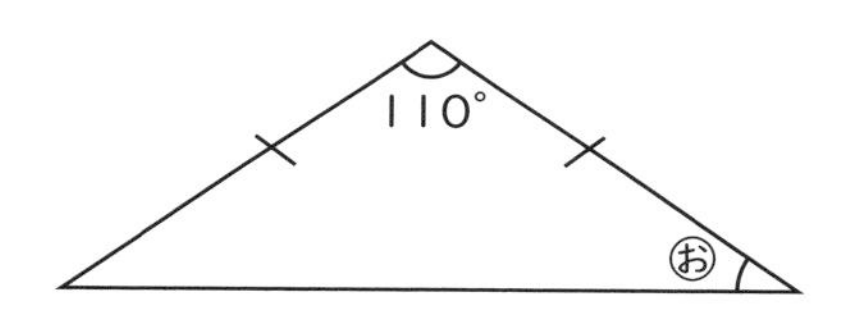

[　　　　　　　　]

(6)

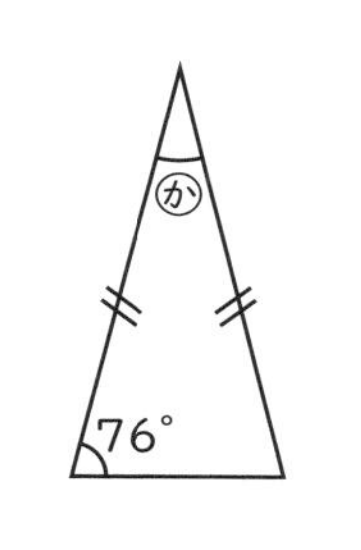

[　　　　　　　　]

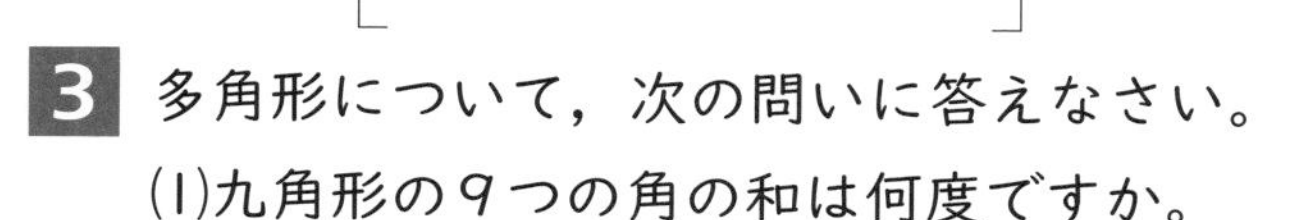

3 多角形について，次の問いに答えなさい。

(1)九角形の9つの角の和は何度ですか。

[　　　　　　　　]

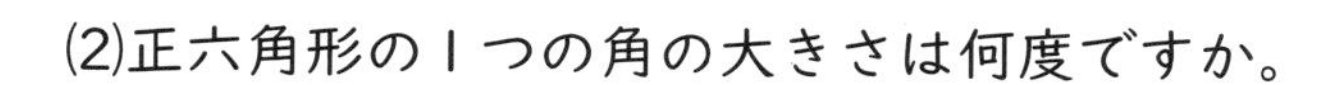

(2)正六角形の1つの角の大きさは何度ですか。

[　　　　　　　　]

(3)右の図の㋐の角の大きさは何度ですか。

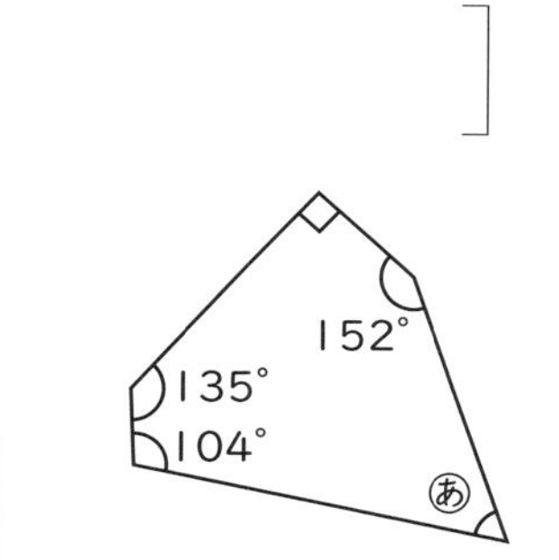

[　　　　　　　　]

学習日 月 日

32 対称(たいしょう)な図形

要点まとめ

解答▶別冊P.22

対称な図形

★線対称

(1) 右の図のように，１本の直線を折り目にして二つ折りにしたとき，両側の部分がぴったり重なる図形を，① [　　　　] な図形という。また，この直線を**対称の軸(じく)**という。

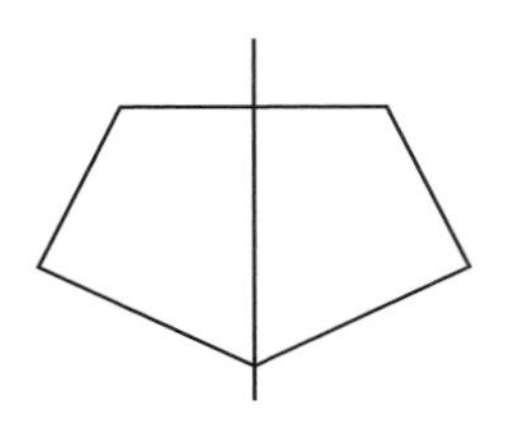

(2) 線対称な図形で，二つ折りにしたときに重なり合う辺，角，点を，それぞれ対応する辺，対応する角，対応する点という。

(3) 線対称な図形では，対応する辺の長さや，対応する角の大きさは ② [等しくなって・異なって] いる。また，対称の軸で分けた２つの図形は ③ [　　　　] になっている。 あてはまるものを○で囲もう

（例）右の図が，線対称な図形で，直線アイが対称の軸であるとき

辺ABに対応する辺…辺 ④ [　　　　]

角Cに対応する角 …角 ⑤ [　　]

点Fに対応する点… 点 ⑥ [　　]

対応する２つの頂点を結ぶ直線CEについて，

直線CEと対称の軸アイは ⑦ [　　　　] に交わっている。

また，直線CEと対称の軸アイとが交わる点をHとすると，直線CHとEHの長さは ⑧ [等しくなって・異なって] いる。

あてはまるものを○で囲もう

点対称

⑷ 右の図のように，１つの点のまわりに180°回転させたとき，もとの図形にぴったり重なる図形を，⑨［　　　］な図形という。また，この点を**対称の中心**という。

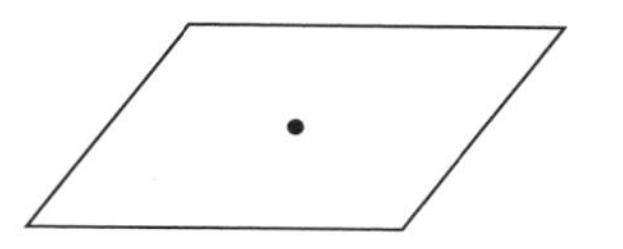

⑸ 点対称な図形で，対称の中心のまわりに180°回転したときに重なり合う辺，角，点を，それぞれ対応する辺，対応する角，対応する点という。

⑹ 点対称な図形では，対応する辺の長さや，対応する角の大きさは

あてはまるものを○で囲もう

⑩［等しくなって・異なって］いる。また，対称の中心を通る直線で分けた２つの図形は⑪［　　　］になっている。

多角形と対称

⑺ 次の三角形・四角形について，対称な図形であれば○，対称な図形でなければ×を書きなさい。また，対称の軸の数を答えなさい。

	線対称	対称の軸の数	点対称
二等辺三角形	⑫	⑬	⑭
直角三角形	⑮	⑯	⑰
平行四辺形	×	0	○
ひし形	⑱	⑲	⑳
長方形	㉑	㉒	㉓

⑻ 次の正多角形について，対称な図形であれば○，対称な図形でなければ×を書きなさい。また，対称の軸の数を答えなさい。

	線対称	対称の軸の数	点対称
正三角形	㉔	㉕	㉖
正方形	㉗	㉘	㉙
正五角形	㉚	㉛	㉜
正六角形	㉝	㉞	㉟
正七角形	㊱	㊲	㊳

33 立体図形の性質①

要点まとめ

解答▶別冊 P.22

直方体・立方体

直方体・立方体

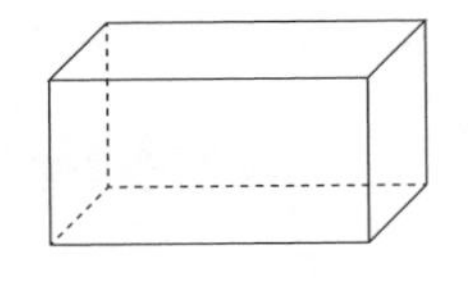

(1) 右の図のような，長方形だけで囲まれた形や，長方形と正方形で囲まれた形を ① ［　　］ という。

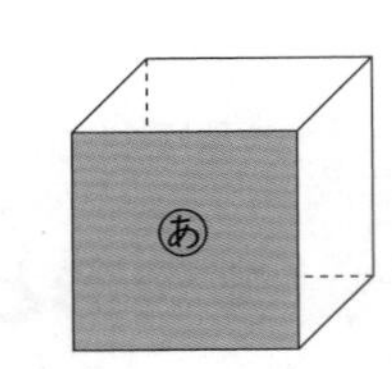

(2) 右の図のような，正方形だけで囲まれた形を ② ［　　］ という。

(3) 右の図のあのような，直方体や立方体のまわりの面のように，平らな面のことを ③ ［　　］ という。

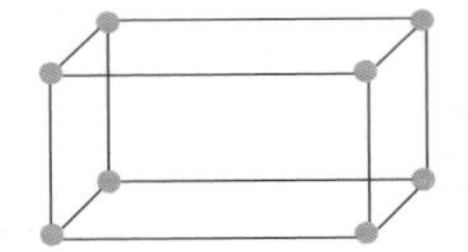

(4)【直方体の特ちょう】

面の数… ④ ［　　］ つ，右の図の直方体では，形も大きさも同じ

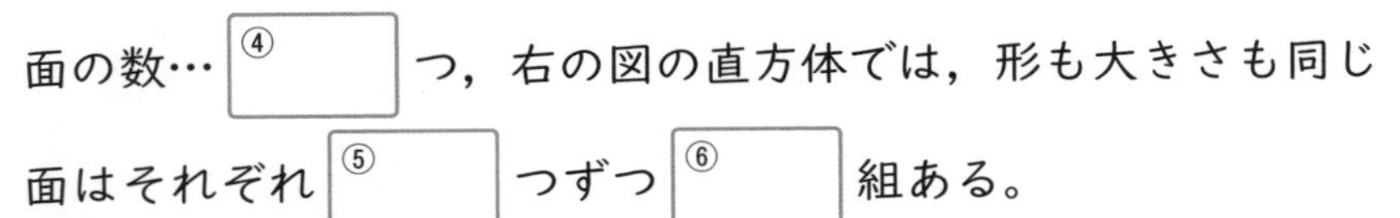

面はそれぞれ ⑤ ［　　］ つずつ ⑥ ［　　］ 組ある。

直方体の辺の数… ⑦ ［　　］ 本，直方体では，長さの等しい辺はそれぞれ ⑧ ［　　］ 本ずつ ⑨ ［　　］ 組ある。

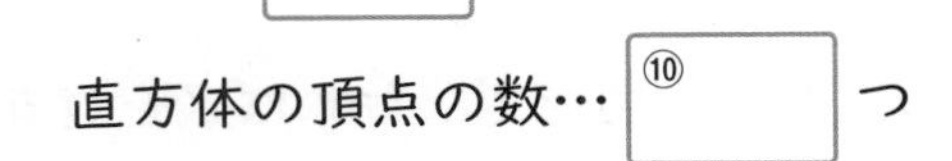

直方体の頂点の数… ⑩ ［　　］ つ

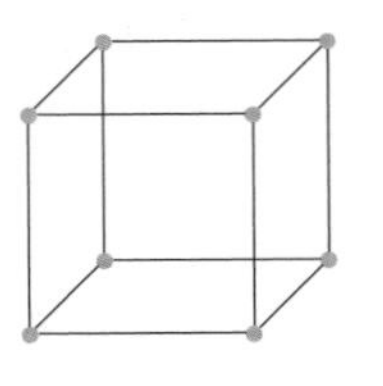

(5)【立方体の特ちょう】

面の数は ⑪ ［　　］ つ，すべて形も大きさも同じ面である。

立方体の辺の数は ⑫ ［　　］ 本，すべて長さの等しい辺である。

立方体の頂点の数は ⑬ ［　　］ つ，立方体の大きさは1辺の長さで決まる。

(6)右の図のような，直方体や立方体などの辺にそって切り開いて，平面の上に広げた図を ⑭ という。

(7) 右の図のような面と面の関係になっているとき，２つの面は ⑮ であるという。よって，直方体や立方体のとなり合った面は ⑮ である。

(8) 右の図の面㋐と面㋑のような関係になっているとき，２つの面は ⑯ であるという。よって，直方体や立方体の向かい合った面は ⑯ である。

(9) (例) 右の図の直方体の辺について，辺ABと辺BFは ⑰ である。
辺CGに垂直な辺は，辺BC，辺DC，
辺 ⑱ ，辺 ⑲ である。
辺ABと辺EFは， ⑳ である。

(10) 直方体には，平行な辺が ㉑ 本ずつ ㉒ 組ある。

(11) (例) 右の図の直方体の面について，辺AEと面㋑は，
㉓ である。また，面㋑のほかに辺AEと

㉔，㉖は，㋐～㋕のいずれか

㉓ である面は，面 ㉔ である。
辺AEと面㋔は， ㉕ である。また，面㋔のほかに辺AEと
㉕ である面は，面 ㉖ である。
直方体の面と辺でも，四角形の辺と辺と同じように垂直や平行の関係を考えることができる。

(12) 全体の形がわかるようにかいた図を，**見取り図**という。右に示した見取り図の立体は ㉗ である。

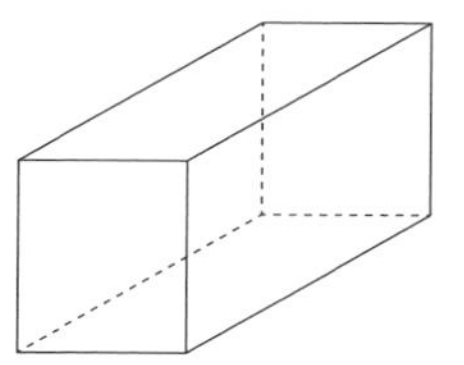

学習日　　月　　日

34 立体図形の性質②

要点まとめ

解答▶別冊 P.22

角柱と円柱

角柱

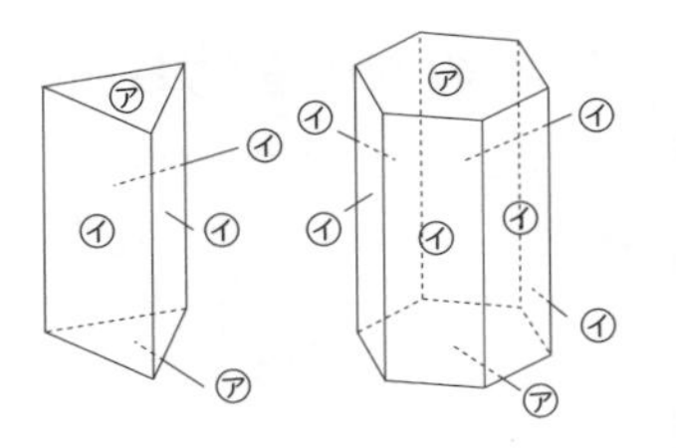

(1) 右の図のような立体をまとめて ① [　　　　] という。

(2) 右の図で，㋐のような上下に向かい合った２つの面を

②，③にあてはまるものを○で囲もう

② [底面・側面] といい，㋑のようなまわりの四角形の面を ③ [底面・側面] という。

(3) 右上の図の２つの底面の位置関係は ④ [　　　　] になっており，形は合同になっている。また，側面の四角形の形は ⑤ [　　　　] になっている。

(4) 底面が三角形の角柱を ⑥ [　　　　]，底面が四角形の角柱を ⑦ [　　　　]，底面が五角形の角柱を ⑧ [　　　　] という。

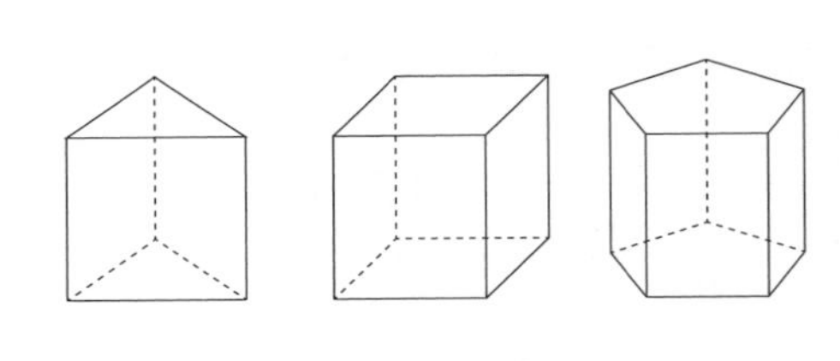

(5) 下の表にあてはまる数を書きなさい。

	三角柱	四角柱	五角柱	六角柱
底面の数	2	2	2	2
側面の数	⑨	⑩	⑪	⑫
面の数	⑬	⑭	⑮	⑯
辺の数	⑰	⑱	⑲	⑳
頂点の数	㉑	㉒	㉓	㉔

★円柱

(6) 右の図のような立体を ㉕[　　　] という。

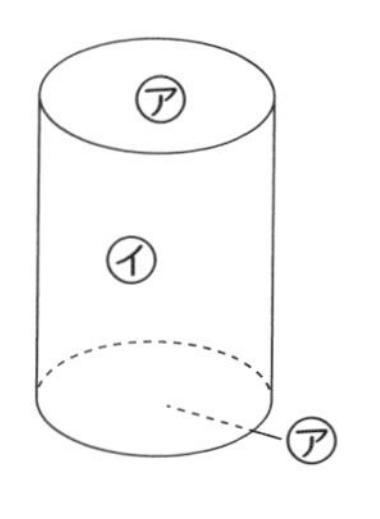

(7) 右の図で，㋐のような上下に向かい合った２つの面を

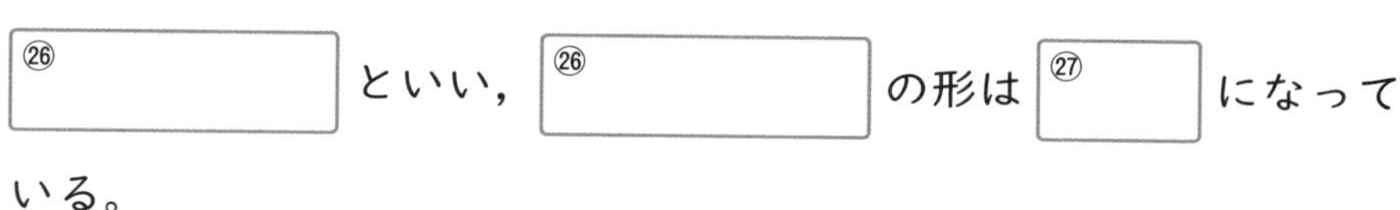

㉖[　　　] といい，㉖[　　　] の形は ㉗[　　　] になっている。

(8) 平らでない面を**曲面**といい，円柱の側面である㋑は，**曲面**になっている。

(9) 右の図の㋒のような，角柱，円柱の底面に垂直な直線で，２つの底面にはさまれた部分の長さを，角柱，円柱の

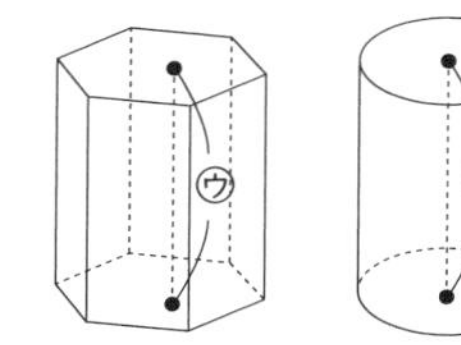

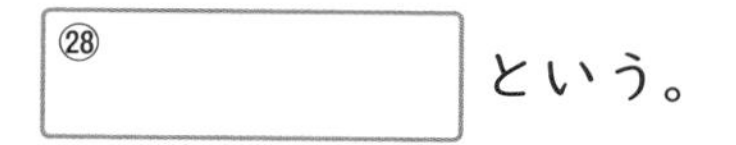

㉘[　　　] という。

(10)（例）右の図は三角柱の展開図である。

三角柱の高さは，直線BC，直線AD，直線

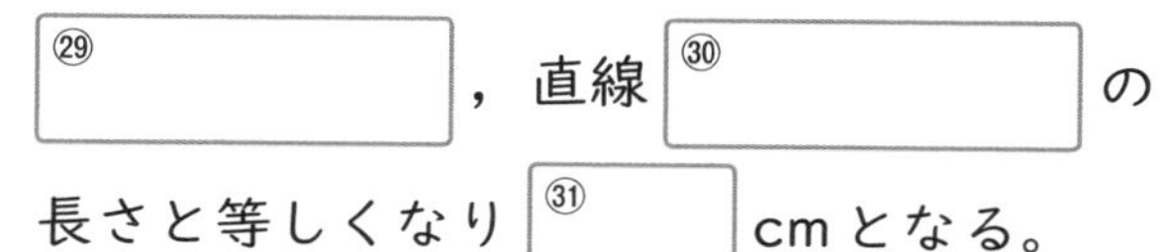

㉙[　　　]，直線 ㉚[　　　] の長さと等しくなり ㉛[　　　] cmとなる。

この展開図を組み立てて，点Ｊと重なる点は点Ｈと点 ㉜[　　　] である。

また辺AJと重なる辺は辺 ㉝[　　　] である。

(11)（例）右の図は円柱の展開図である。

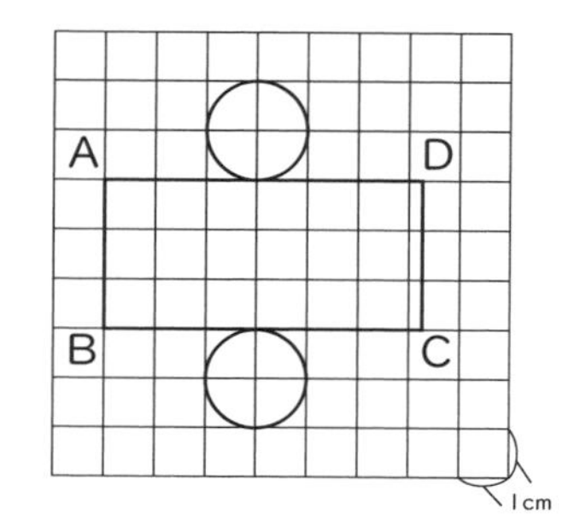

円柱の展開図は，側面を長方形にしてかくことができる。

円柱の高さは，直線AB，直線 ㉞[　　　] の長さと等しくなり，㉟[　　　] cmとなる。

直線ADの長さは，底面の ㊱[　　　] と等しくなる。

底面の直径は ㊲[　　　] cmなので，円周率を3.14とすると，ADの長さは，㊳[　　　] ×3.14＝ ㊴[　　　]（cm）となる。

35 立体図形の体積①

重要!
➡P.116～117の問題も解いてみよう!

要点まとめ

解答▶別冊 P.22

体積

★直方体や立方体の体積

(1) もののかさのことを**体積**という。1辺が1cmの立方体の体積を1cm^3と書き，

1［①　　　　］という。

(2)【直方体の体積の求め方】

直方体の体積＝縦×横×［②　　］

(例) 縦が3cm，横が7cm，高さが4cmの直方体の体積

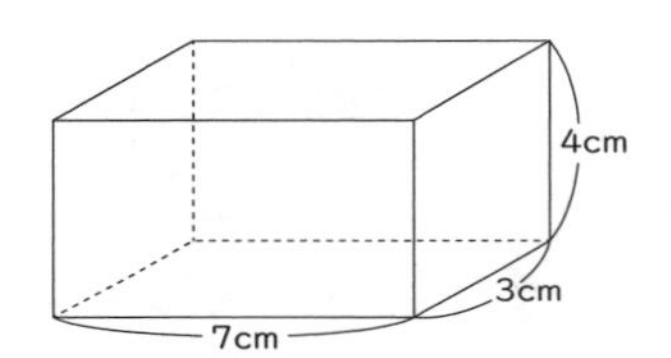

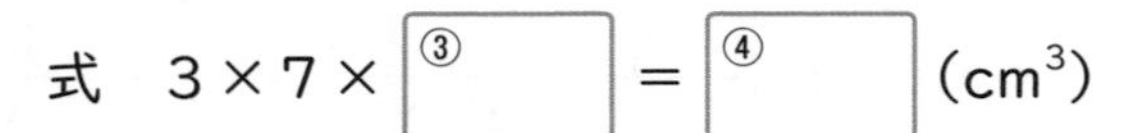

式　3×7×［③　］＝［④　］(cm^3)

(3)【立方体の体積の求め方】

立方体の体積＝［⑤　　］×［⑥　　］×［⑦　　］

(例) 1辺が3cmの立方体の体積

式　［⑧　］×［⑨　］×［⑩　］＝［⑪　］(cm^3)

(4)【直方体を組み合わせた立体の体積の求め方①】

右の図のような立体の体積を求める。

A　D　B　5cm　C　H　G　M　F　6cm　E　3cm　K　5cm　I　8cm　J

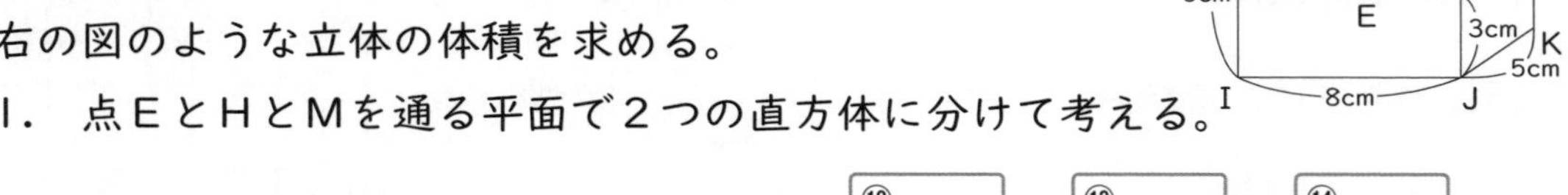

1．点EとHとMを通る平面で2つの直方体に分けて考える。

2．上の直方体の体積を求める。　式　5×［⑫　］×［⑬　］＝［⑭　］(cm^3)

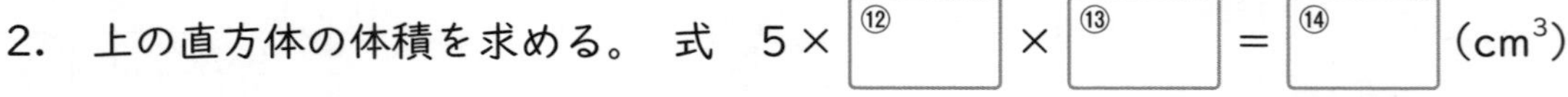

3．下の直方体の体積を求める。　式　5×［⑮　］×［⑯　］＝［⑰　　］(cm^3)

4．上の直方体の体積と下の直方体の体積を合わせる。

式　［⑭　］＋［⑰　　］＝［⑱　　］

よって，右上の図の立体の体積は［⑱　　］cm^3

(5)【直方体を組み合わせた立体の体積の求め方②】

右の図のような立体（(4)と同じ）の体積を求める。

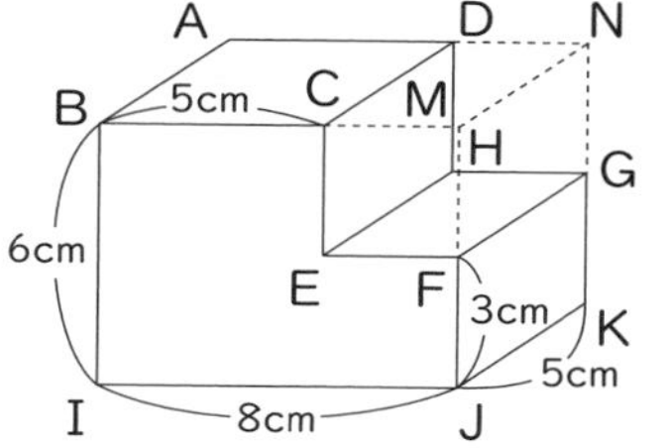

1. 求める立体をふくむ大きい直方体の体積から小さい直方体の体積をひいて考える。
2. 大きい直方体の体積を求める。

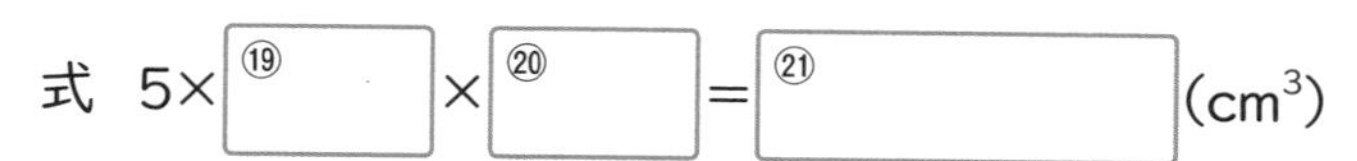

3. 小さい直方体の体積を求める。

式　5 × ㉒ × ㉓ = ㉔ (cm³)

4. 大きい直方体の体積から小さい直方体の体積をひく。

式　㉑ − ㉔ = ㉕

よって，右の図の立体の体積は，㉕ cm³

(6) 1辺が1mの立方体の体積を1m³と書き，1 ㉖ という。

(7) 1m³の立方体について，縦には，1cm³の立方体が ㉗ 個，横には，1cm³の立方体が ㉘ 個，高さには，1cm³の立方体が ㉙ 個並ぶ。

したがって，1m³の立方体は1cm³の立方体が

㉗ × ㉘ × ㉙ = ㉚ (個)

集まっているので，㉚ cm³である。

よって，1m³ = ㉚ cm³となる。

(8) 下の表にあてはまる数を求めなさい。

1辺の長さ	1cm	10cm	1m
正方形の面積	1cm²	㉛ cm²	㉜ m²
立方体の体積	1cm³	㉝ cm³	㉞ m³
	1mL	㉟ L	㊱ kL

問題を解いてみよう！

解答▶別冊P.23

1 次の立体の体積は何 cm^3 ですか。

(1)

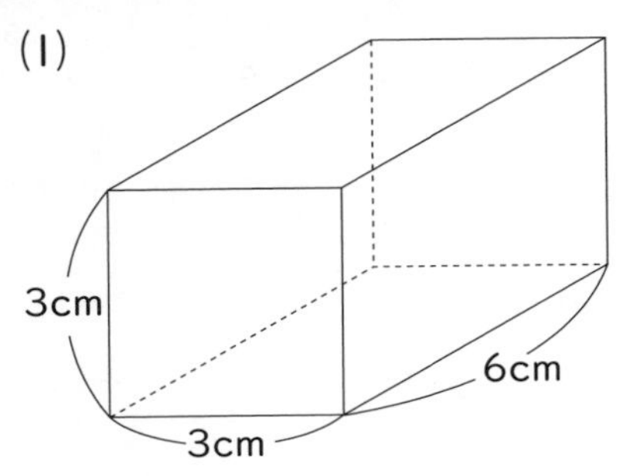

[　　　　]

(2)

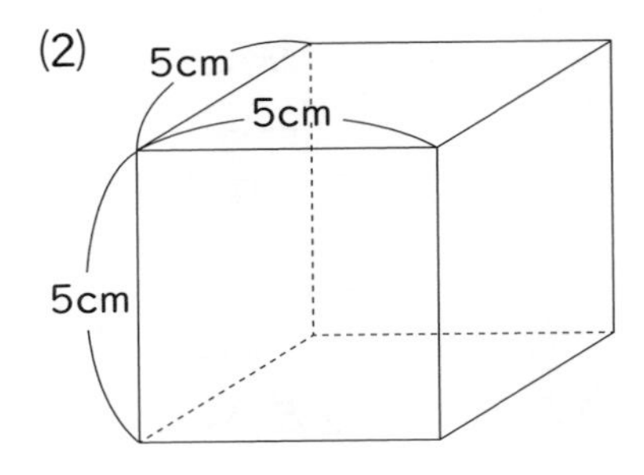

[　　　　]

2 下の立体について，次の問いに答えなさい。

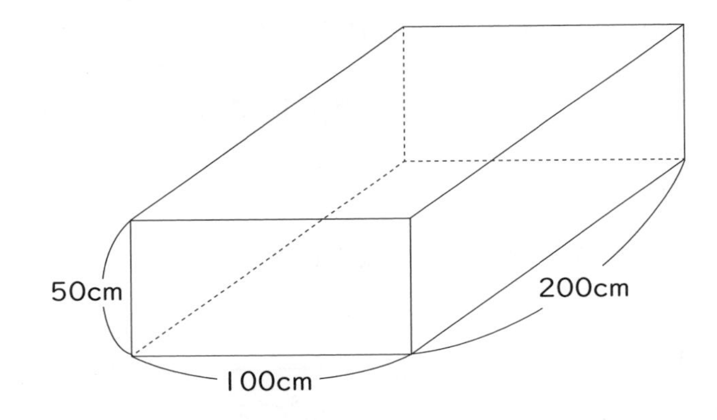

(1)体積は何 cm^3 ですか。

[　　　　]

(2)体積は何 m^3 ですか。

[　　　　]

3 右の立体の体積は，何cm^3ですか。

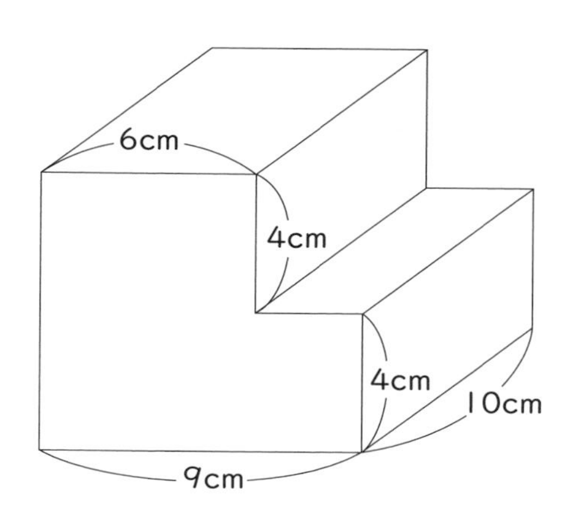

[　　　　　]

4 右の立体は，厚さ1cmの板でできている入れ物です。この入れ物について，次の問いに答えなさい。

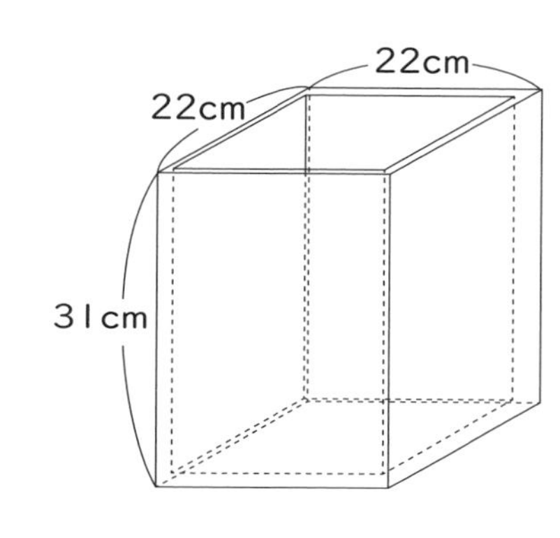

(1)内のりの縦の長さは何cmですか。

[　　　　　]

(2)内のりの横の長さは何cmですか。

[　　　　　]

(3)内のりの深さは何cmですか。

[　　　　　]

(4)この入れ物の容積は何cm^3ですか。

　　　　　]

(5)この入れ物の容積は何Lですか。

36 立体図形の体積②

重要!
➡P.120～121の問題も解いてみよう!

要点まとめ

解答▶別冊P.23

角柱・円柱の体積

角柱の体積

(1) 底面の面積を ① といい，角柱の体積は，

① × ② の式で求めることができる。

(2)【三角柱を，四角柱の半分とみて体積を求める方法】

1. 右の図を2つ組み合わせた四角柱だったと考えて，四角柱の体積を求める。

式 ③ × ④ ×5＝ ⑤ (cm^3)

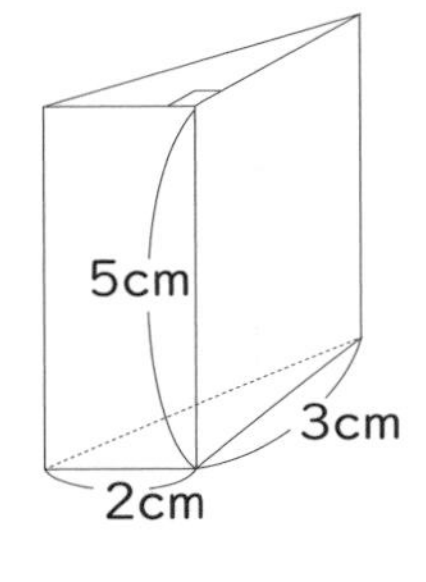

2. 三角柱は四角柱の半分なので，

式 ⑤ ÷2＝ ⑥ (cm^3)

よって，三角柱の体積は，⑥ cm^3である。

【三角柱を，高さ1cmの三角柱が5段重なったものとみて体積を求める方法】

1. 底面が底辺3cm，高さ2cmの三角形で，三角柱の高さが1cmの三角柱の体積を求める。

式 3×2÷2× ⑦ ＝ ⑧ (cm^3)

2. これが5段重なっているので，⑧ ×5＝ ⑨

よって，三角柱の体積は，⑨ cm^3である。この3×2÷2という式は，底面の三角形の面積とみることができるので，三角柱の体積は，

① × ② の式で求めることができる。

(3)（例）右の図のような，底面積が$10cm^2$，高さが8cmの五角柱の体積を求める。

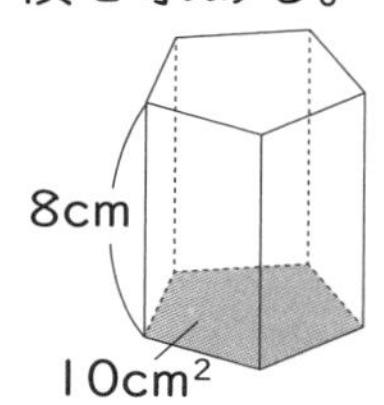

式　⑩［　］×8＝⑪［　］

よって，五角柱の体積は，⑪［　］cm^3である。

円柱の体積

(4) 円柱の体積も，底面積×高さの式で求めることができる。
（例）底面の円の直径が4cmの円柱の体積を求める。

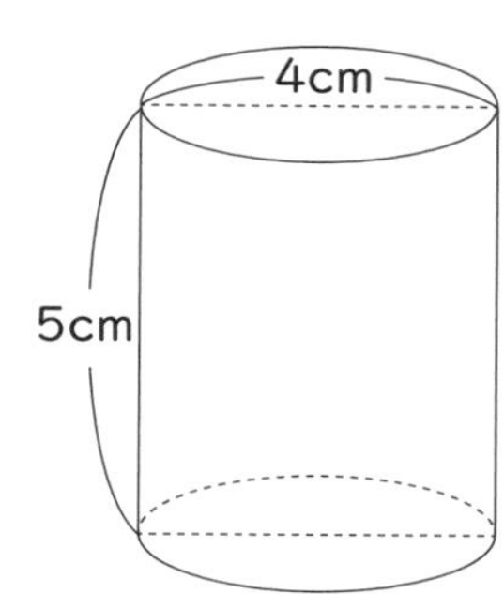

底面の円の半径は，⑫［　］÷2＝⑬［　］（cm）

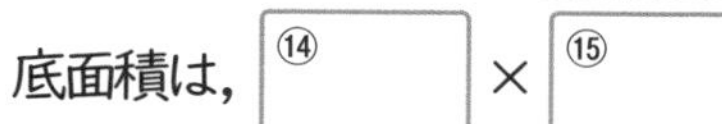

底面積は，⑭［　］×⑮［　］×3.14＝⑯［　］（cm^2）

円周率

高さは⑰［　］cmなので，この円柱の体積は，

⑯［　］×⑰［　］＝⑱［　］（cm^3）となる。

およその体積

およその体積

(5) 身のまわりのいろいろなものを，体積の求め方がわかっている図形とみると，およその体積を求めることができる。
（例）右の建物を三角柱とみて，およその体積を求める。

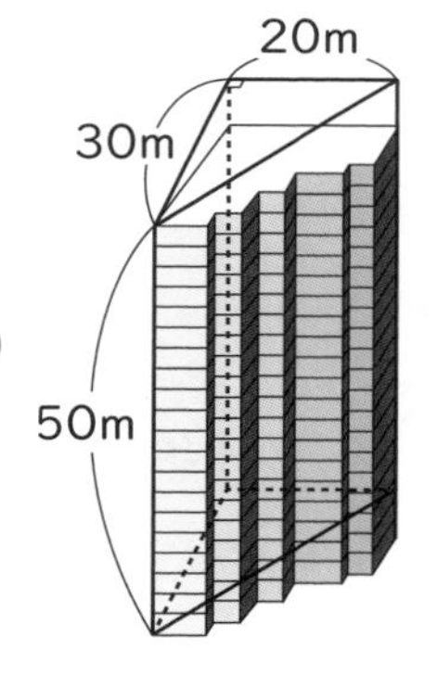

式　⑲［　］×20÷⑳［　］×㉑［　］＝㉒［　］（m^3）

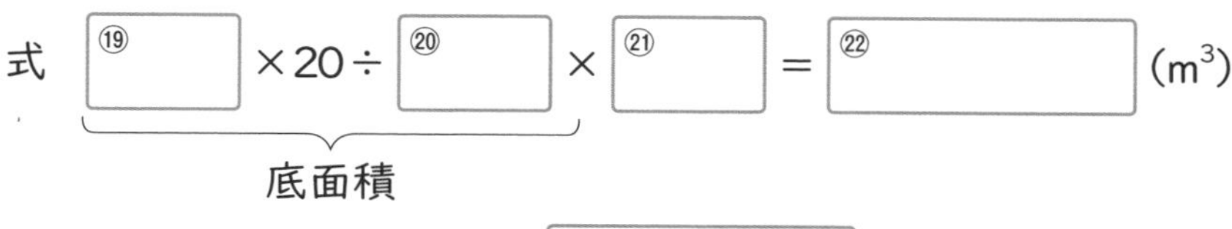

底面積

よって，この建物の体積は約㉒［　］m^3と考えられる。

中学ではどうなる？

● 図Ⓐのような底面が四角形の立体を四角錐（すい）というよ。
底面が多角形でこのようなとがった立体を角錐というよ。
● 図Ⓑのような底面が円の立体を円錐というよ。
● 角錐と円錐の体積は，底面積×高さ×$\frac{1}{3}$という式で求めることができるよ。

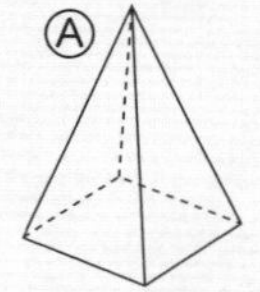

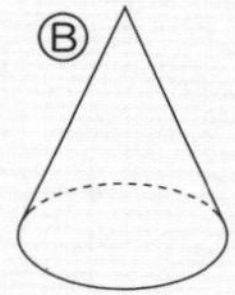

学習日　　月　　日

問題を解いてみよう！

解答▶別冊 P.23

1 次の立体の体積は何cm^3ですか。ただし，円周率は3.14とします。

(1)

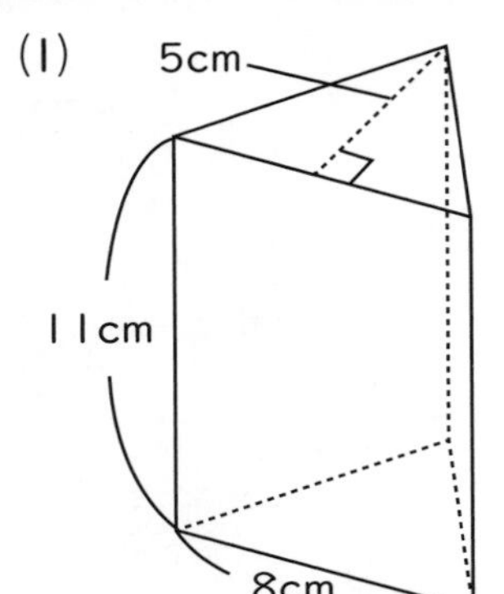

[　　　　　　　]

(2)

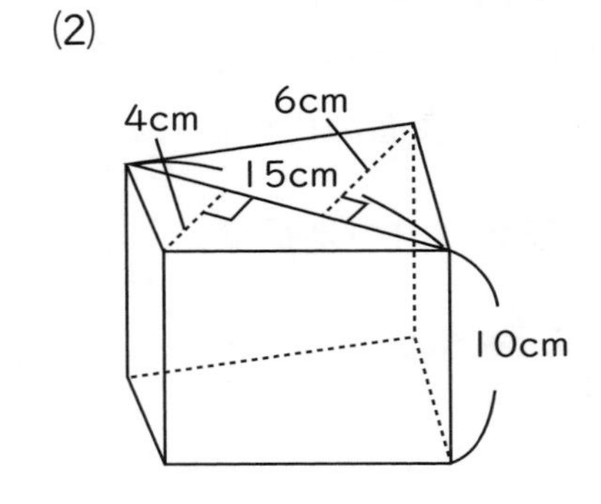

[　　　　　　　]

(3)

3cm
2cm

[　　　　　　　]

(4)

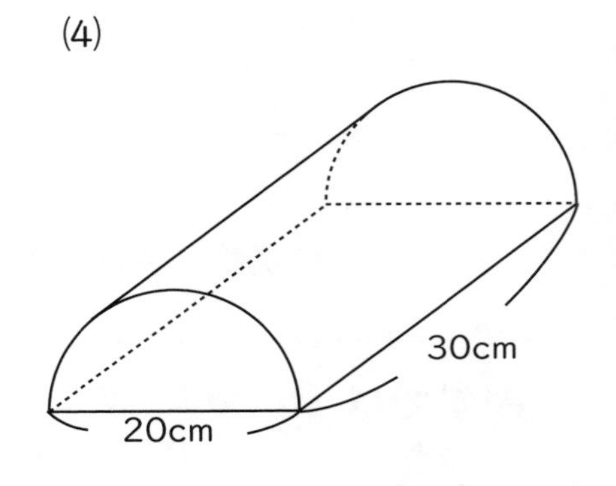

[　　　　　　　]

2 右の立体を六角形BIJFECを底面とみた角柱として考えるとき，次の問いに答えなさい。

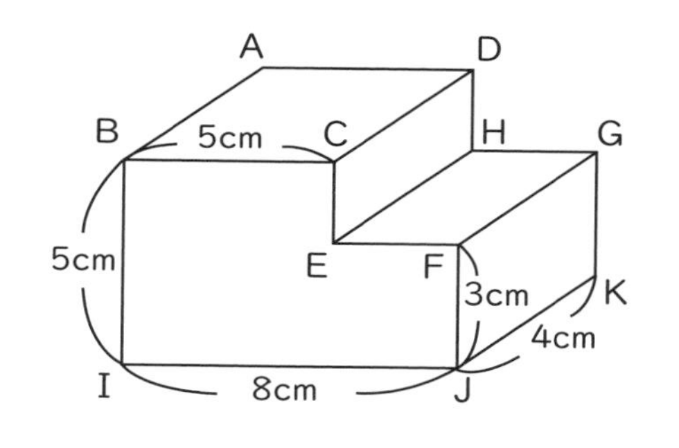

(1)底面積は何cm^{2}ですか。

[　　　　　　　]

(2)この立体の体積は何cm^{3}ですか。

[　　　　　　　]

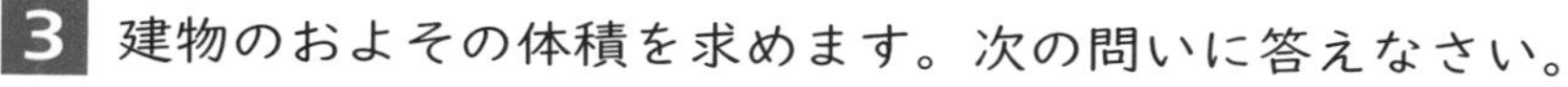

3 建物のおよその体積を求めます。次の問いに答えなさい。

(1)右の図のように，この建物を四角柱とみたとき，この建物の体積は約何m^{3}ですか。

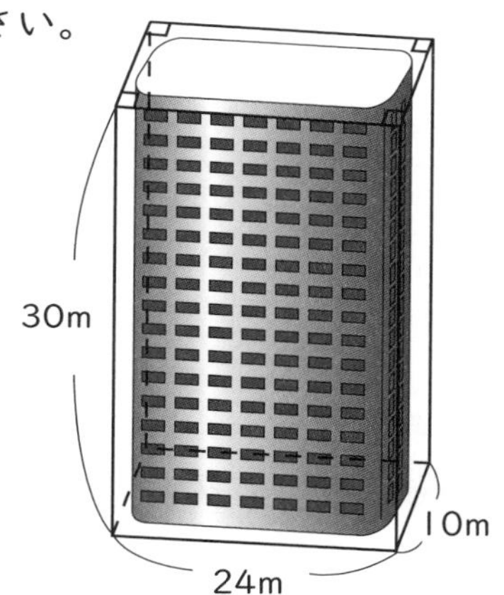

[　　　　　　　]

(2)右の図のように，この建物を円柱とみたとき，この建物の体積は約何m^{3}ですか。ただし，円周率は3.14とします。

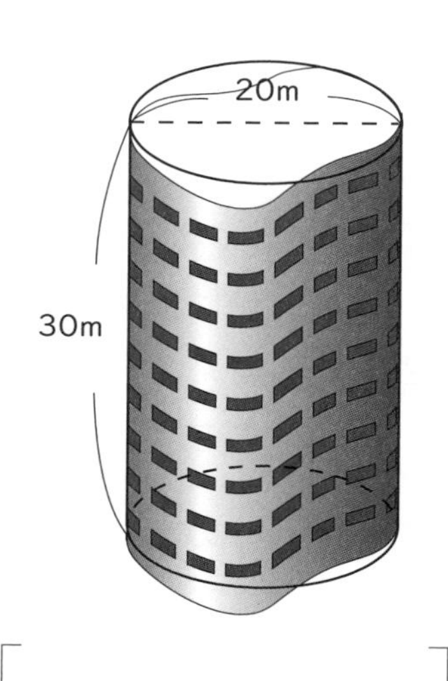

[　　　　　　　]

学習日 月 日

37 グラフ

要点まとめ

解答▶別冊 P.24

棒グラフ

棒グラフ

(1) 下の表はクラス20人に好きな給食を聞いた結果である。

カレーライス	ラーメン	カレーライス	ラーメン	ラーメン
やきそば	カレーライス	ラーメン	カレーライス	カレーライス
カレーライス	やきそば	カレーライス	シチュー	肉じゃが
ラーメン	カレーライス	ぎょうざ	ラーメン	やきそば

カレーライス，ラーメン，やきそばをそれぞれ集計し，1人しかいないシチュー，肉じゃが，ぎょうざをその他としてまとめて，次の表に表す。

言葉を書こう

好きな給食と人数

	カレーライス	ラーメン	やきそば	①
人数（人）	②	③	④	⑤

②～⑤に数字を書こう

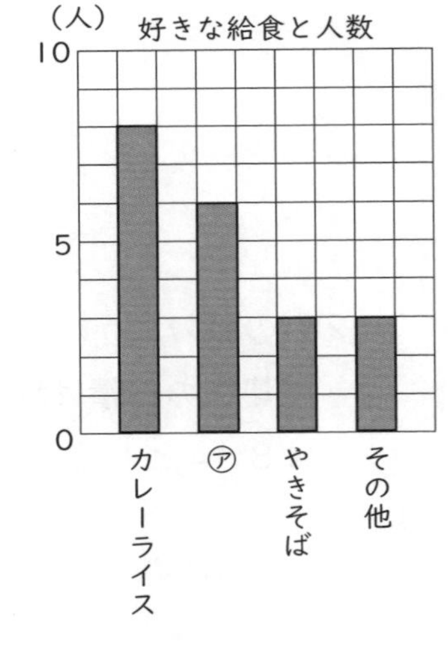

上の表をもとに，右のようなグラフに表した。
右のように棒の長さで数の大きさを表したグラフを**棒グラフ**という。右のグラフの㋐にあてはまるものは ⑥[　　] で，㋐と答えた人数は ⑦[　　] 人である。

(2)【棒グラフのかき方】

1. 横の軸（じく）に種類を書く。
2. いちばん多い数が表せるように縦の軸のめもりのつけ方を考える。
3. めもりの数と ⑧[　　] を書く。 右の棒グラフだと，「人」のことだよ！
4. 数にあわせて棒をかく。
5. ⑨[　　] を書く。 右の棒グラフだと，「好きな給食と人数」のことだよ！

折れ線グラフ

折れ線グラフ

(3) 下の表は，エジプトの１年間の気温の変わり方を表したものである。

１年間の気温の変わり方（エジプト）

月	1	2	3	4	5	6	7	8	9	10	11	12
気温（度）	19	21	24	29	32	35	35	35	33	30	25	21

気温のように，変わっていくものの様子を表すには，下の図のような ⑩ ＿＿＿＿ を使う。

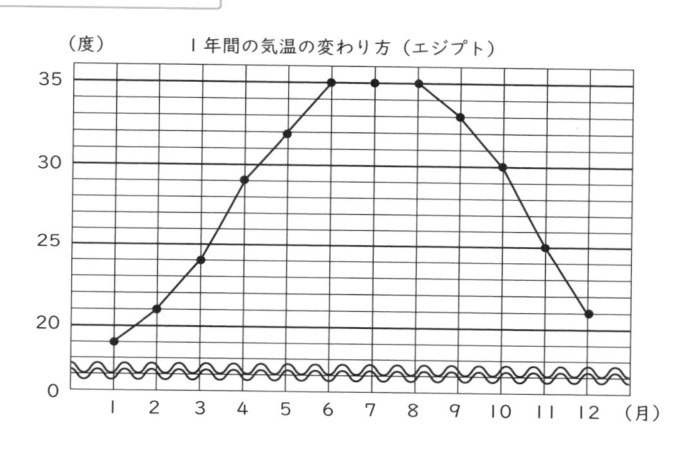

(4) 上の図について，横の軸は ⑪ ＿＿＿＿ を表しており，縦の軸は ⑫ ＿＿＿＿ を表している。縦の軸の１めもりは ⑬ ＿＿＿＿ 度であり，５月の気温は ⑭ ＿＿＿＿ 度である。気温が21度となる月は ⑮ ＿＿＿＿ 月と ⑯ ＿＿＿＿ 月である。

折れ線グラフでは，棒グラフのように気温が高い順に並べることはしない。

(5) 折れ線グラフでは，線のかたむきに注目すると，変わり方がくわしくわかる。

（例１） 気温が上がっているのは１月から ⑰ ＿＿＿＿ 月までで，⑱ ＿＿＿＿ 月から ⑲ ＿＿＿＿ 月までは気温は変わっておらず，⑳ ＿＿＿＿ 月から12月までは気温が下がっている。

（例２） 気温の上がり方がいちばん大きいのは ㉑ ＿＿＿＿ 月から ㉒ ＿＿＿＿ 月までの１か月である。

38 表

要点まとめ

解答▶別冊P.24

整理のしかた

表の表し方

(1) 下のデータはクラス20人に好きな外遊びを聞いた結果である。

サッカー	バドミントン	ドッジボール	ドッジボール	サッカー
かけっこ	ドッジボール	サッカー	バドミントン	バドミントン
サッカー	バドミントン	バドミントン	ドッジボール	サッカー
かけっこ	ドッジボール	サッカー	サッカー	ドッジボール

「正」の字を使って人数を調べると，下の表のようになる。

①～④に言葉を書こう

好きな外遊び

種類	①	②	③	④
「正」の字	正T	正	正一	T
人数(人)	7	⑤	⑥	⑦

⑤～⑦に数字を書こう

このように，「正」の字を使うと，整理しやすく，数もわかりやすくなる。

(2) 上のデータを男子11人と女子9人に分けて表すと，下の表のようになった。

好きな外遊び（男子）

種類	サッカー	ドッジボール	バドミントン	かけっこ	合計
人数(人)	6	3	1	1	11

好きな外遊び（女子）

種類	サッカー	ドッジボール	バドミントン	かけっこ	合計
人数(人)	1	3	4	1	9

この表から，男子の中でいちばん人数が多いのは，

⑧ で，女子の中でいちばん人数が多いのは，

⑨ であることがわかる。

(3) (2)の２つの表を１つの表にまとめると，下のようになる。

種類＼男女	男子	女子	合計
サッカー	⑩	⑪	⑫
ドッジボール	⑬	⑭	⑮
バドミントン	⑯	⑰	⑱
かけっこ	⑲	⑳	㉑
合計	㉒	㉓	20

⑩〜㉓に数字を書こう

このように１つの表にまとめると全体の様子がよくわかる。

(4) 下のデータは15人にうさぎとりすが好きかどうかを聞いた結果である。

番号	うさぎ	りす	番号	うさぎ	りす	番号	うさぎ	りす
1	×	○	6	×	○	11	○	×
2	○	×	7	○	○	12	○	○
3	○	○	8	×	×	13	×	○
4	○	×	9	○	×	14	○	×
5	○	○	10	×	○	15	×	×

○…好き，×…きらい

上のデータを表に表すと，下のようになる。

		うさぎ		合計
		好き	きらい	
りす	好き	㉔	㉕	㉖
	きらい	㉗	㉘	㉙
合計		㉚	㉛	㉜

㉔〜㉜に数字を書こう

この表から，うさぎもりすも好きな人は ㉝［　　］ 人であり，りすが好きな人の合計は ㉞［　　］ 人とわかる。

問題を解いてみよう！

解答▶別冊P.24

1 下のデータはクラス25人にいちばん好きな教科を聞いた結果です。この結果について，次の問いに答えなさい。

体育	体育	算数	国語	算数
算数	体育	体育	算数	音楽
図画工作	算数	体育	算数	体育
算数	図画工作	算数	体育	算数
図画工作	算数	図画工作	体育	音楽

(1) 下の表にあてはまる数を入れて，上のデータをまとめなさい。

好きな教科と人数

種類	算数	体育	図画工作	音楽	国語
人数(人)					

(2) (1)の表から，いちばん人数の多い好きな教科は何ですか。

［　　　　］

(3) (1)の表から，いちばん人数の多い好きな教科の人数は何人ですか。

［　　　　］

(4) (1)の表を棒グラフに表しなさい。ただし，音楽と国語の人数はまとめて，その他とします。

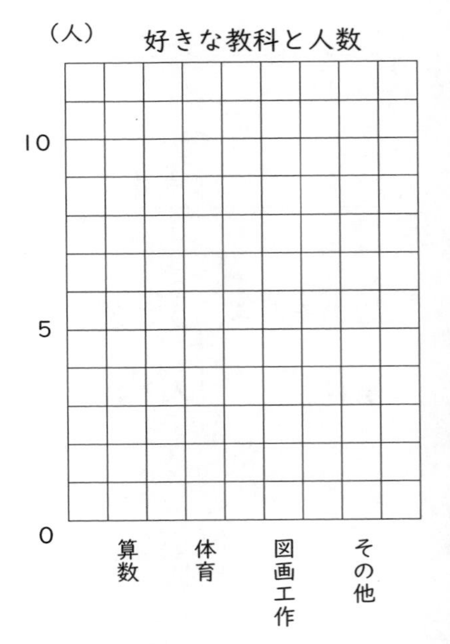

2 下のデータはある１日に図書館で借りた本の種類と学年の結果です。この結果について，次の問いに答えなさい。

番号	種類	学年	番号	種類	学年	番号	種類	学年
1	小説	6年	6	絵本	2年	11	小説	6年
2	自然科学	5年	7	小説	4年	12	絵本	2年
3	哲学（てつがく）	4年	8	絵本	3年	13	小説	6年
4	絵本	4年	9	小説	5年	14	絵本	2年
5	歴史	3年	10	自然科学	6年	15	小説	5年

(1)下の表にあてはまる数を入れて，上のデータをまとめなさい。　（人）

		学年					合計
		6年生	5年生	4年生	3年生	2年生	
種類	小説						
	絵本						
	自然科学						
	歴史						
	哲学						
合計							

(2) 6年生で小説を借りた人数は何人ですか。

[　　　　]

(3) 自然科学の本を借りた人数の合計は何人ですか。

[　　　　]

(4) 3年生で本を借りた人数の合計は何人ですか。

[　　　　]

(5) 絵本を借りた人の中でいちばん多い学年は何年生ですか。

[　　　　]

39 帯グラフや円グラフ

重要!
➡P.130〜131の問題も解いてみよう!

要点まとめ

解答▶別冊P.24

帯グラフ・円グラフ

帯グラフ

(1) 右の表は，好きな教科について，6年生全体で行ったアンケートを整理したものである。

好きな教科（6年生）

科目	人数（人）	百分率（%）
算数	42	21
体育	30	㋐
社会	28	14
理科	24	12
国語	22	㋑
音楽	18	9
図画工作	14	7
その他	22	11
合計	200	100

㋐にあてはまる数は，

① ÷ ② ×100＝ ③ （%）

㋑にあてはまる数は，

④ ÷ ⑤ ×100＝ ⑥ （%）となる。

(2) (1)の表の人数の割合を見やすくするには下のようなグラフに表す。

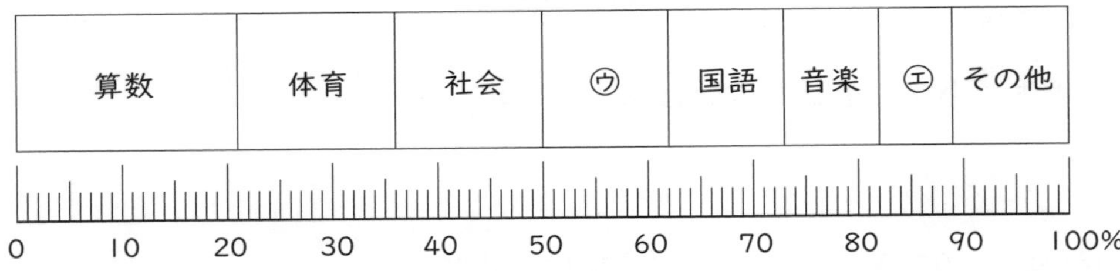

このグラフを帯グラフという。帯グラフは全体を長方形で表し，各部分の割合を直線で区切って表す。

このグラフの㋒にあてはまる教科は ⑦ であり，これは50のめもりから ⑧ のめもりまでで区切られているので，割合は ⑨ %である。

㋓にあてはまる教科は ⑩ であり，これは ⑪ のめもりから ⑫ のめもりまでで区切られているので，割合は ⑬ %である。

算数と体育と社会をあわせると，割合は ⑭ %となっており，全体の ⑮ 分の1となる。

社会の割合は［⑯　　］%で，図画工作の割合は［⑰　　］%になっているから，社会の割合は図画工作の［⑱　　］倍となっている。

円グラフ

(3) 右のようなグラフを円グラフという。
円グラフは全体を円で表し，各部分の割合を半径で区切って表す。
右のグラフは1年生の好きな教科を円グラフに表したものである。このグラフの

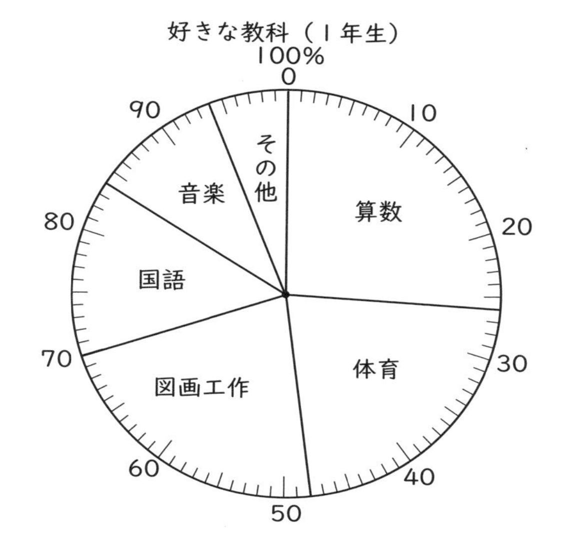

体育の割合は，26のめもりから［⑲　　］のめもりまでで区切られているので，割合は［⑳　　］%である。

国語の割合は，［㉑　　］のめもりから［㉒　　］のめもりまでで区切られているので，割合は［㉓　　］%である。

図画工作と国語と音楽をあわせると，割合は［㉔　　］%となっており，全体のおよそ［㉕　　］分の1となる。

算数の割合は［㉖　　］%で，音楽の割合は［㉗　　］%になっているから，算数の割合は音楽の2.6倍となっている。

1年生全体の人数が150人であるとき，算数を好きと答えた人数は，算数の割合が［㉘　　］%より，小数で割合を表すと［㉙　　］となるので，

［㉚　　］×［㉙　　］＝［㉛　　］（人）となる。

また，音楽を好きと答えた人数は，音楽の割合が［㉜　　］%より，小数で割合を表すと［㉝　　］となるので，［㉞　　］×［㉝　　］＝［㉟　　］（人）となる。

問題を解いてみよう！

解答▶別冊P.25

1 たろうさんは，6年生全員に行ってみたい国について聞き，その結果を下の表にまとめました。次の問いに答えなさい。

国名	アメリカ	イタリア	オーストラリア	フランス	その他	合計
人数（人）	42	28	10	8	32	120
百分率（%）	㋐	23	8	7	㋑	100

(1) ㋐にあてはまる数を求めなさい。

[　　　　]

(2) ㋑にあてはまる数を求めなさい。ただし，$\frac{1}{10}$の位で四捨五入して整数で答えること。

[　　　　]

(3) 上の表を帯グラフに表しなさい。

行ってみたい国（6年生全員）

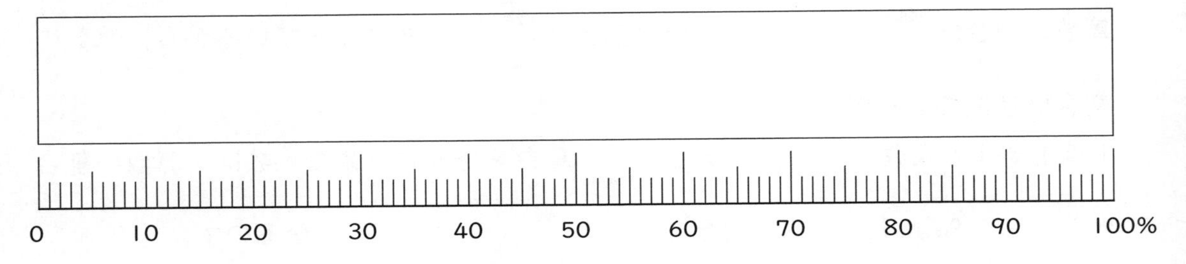

(4) イタリアと答えた割合はオーストラリアと答えた割合の約何倍ですか。$\frac{1}{10}$の位で四捨五入して整数で求めなさい。

[　　　　]

2 下のグラフは，はなこさんの学校に通う児童全員のランドセルの色を円グラフに表したものです。次の問いに答えなさい。

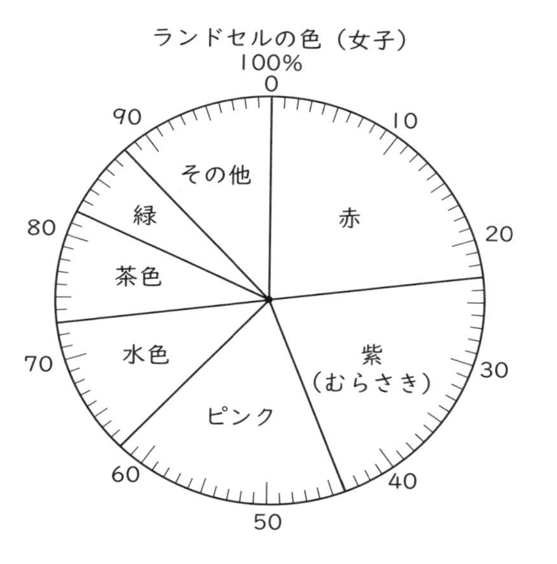

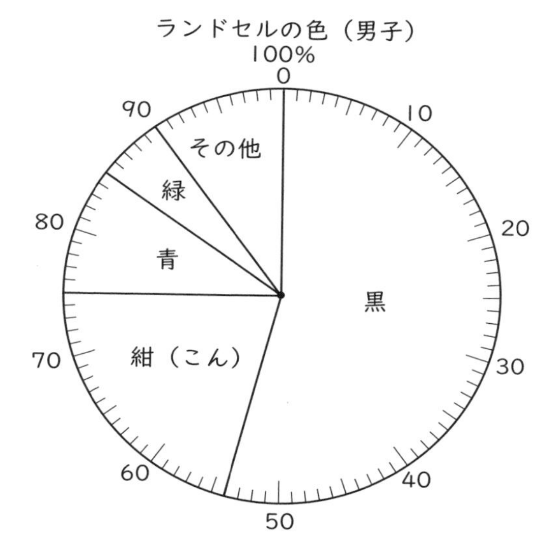

(1) 女子の紫(むらさき)の割合は何%ですか。

［　　　　　　］

(2) 女子のピンクの割合は茶色の割合の何倍ですか。

［　　　　　　］

(3) 男子の紺(こん)の割合は何%ですか。

［　　　　　　］

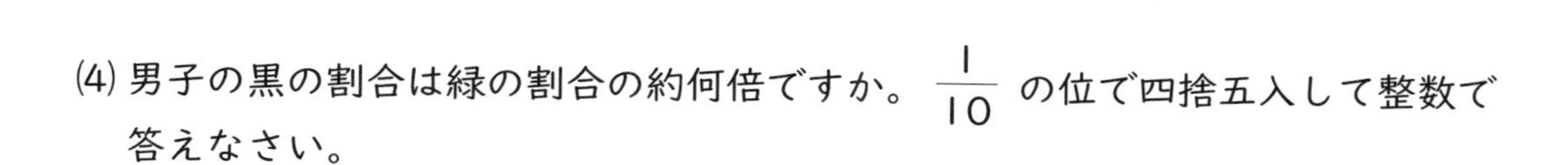

(4) 男子の黒の割合は緑の割合の約何倍ですか。$\frac{1}{10}$ の位で四捨五入して整数で答えなさい。

［　　　　　　］

(5) 女子全体の人数が300人のときの緑の人数を求めなさい。

［　　　　　　］

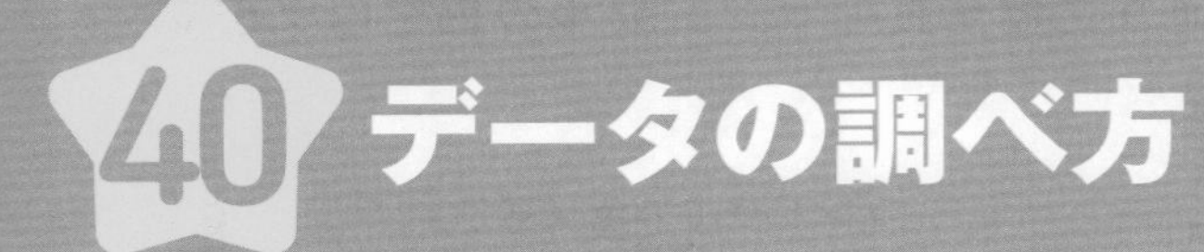

40 データの調べ方

要点まとめ

解答▶別冊P.25

データの調べ方

平均とちらばり

(1) 下のデータは15人の片道の通学時間をまとめたものである。

番号	時間(分)	番号	時間(分)	番号	時間(分)	番号	時間(分)	番号	時間(分)
1	12	4	16	7	18	10	15	13	15
2	14	5	19	8	16	11	10	14	11
3	9	6	20	9	15	12	12	15	14

この結果を下の図のように表した。

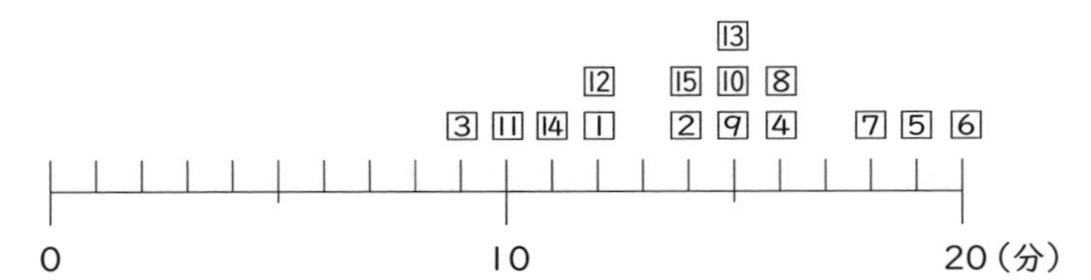

このような，数直線の上にデータをドット（点）で表した図を，

①［　　　］という。

①［　　　］では，ちらばりの様子がわかる。

この図から，12分の人は番号が②［　　］と③［　　］の2人で，18分の人は④［　　］人いるとわかる。

②，③は1～15のいずれか

この図からいちばん長い通学時間は⑤［　　］分で，いちばん短い通学時間は⑥［　　］分であるとわかる。

(2) データの中で，最も多く出てくる値を⑦［　　　］，またはモードという。

(1)のドットプロットの⑦［　　　］は，⑧［　　］分であり，⑨［　　］人いる。

(3) 集団のデータの平均を⑩［　　　］という。

(4) (1)のデータの通学時間について，全体のちらばりの様子が見やすいように，右のような表に整理する。
この表のように，データをいくつかの階級に分けて整理した表のことを

⑪［　　　］という。

右の表の㋐にあてはまる数は，

⑫［　　　］である。

片道の通学時間

時間（分）	人数（人）
0以上～5未満	0
5～10	1
10～15	㋐
15～20	7
20～25	1
合計	15

15分の記録は，⑬［　　　］分以上⑭［　　　］分未満の区間に入る。

(5) (4)の表について，

データを整理するために用いる区間を⑮［　　　］，区間の幅のことを⑯［　　　］，それぞれの⑮［　　　］に入っているデータの個数のことを⑰［　　　］という。

(6) (4)の度数分布表を右の図のようなグラフに表した。このグラフのことを柱状グラフ，または

⑱［　　　］という。

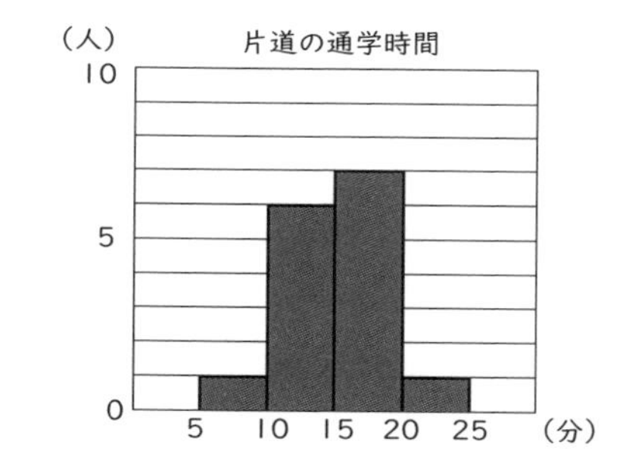

(7) データを値の大きさの順に並べたときの中央の

値を⑲［　　　］，またはメジアンという。

(1)のデータを小さい順に並べると以下のようになる。

9	10	11	12	12	14	14	15	15	15	16	16	18	19	20(分)

データの数は15個なので，小さいほうから⑳［　　　］番めの値が中央の値である。

よって，上のデータの中央値は㉑［　　　］分である。

データの数が偶数（ぐうすう）になるときは，中央にある2つの値の平均値を中央値とする。

(8) データの特ちょうを調べたり伝えたりするとき，1つの値で代表させてそれらを比べることができる値を㉒［　　　］といい，平均値や最頻値，中央値は

㉒［　　　］である。

問題を解いてみよう！

解答▶別冊P.25

1 下の図は6年1組の20人が，1か月間に図書館に行った回数をドットプロットに表したものです。このとき，次の問いに答えなさい。

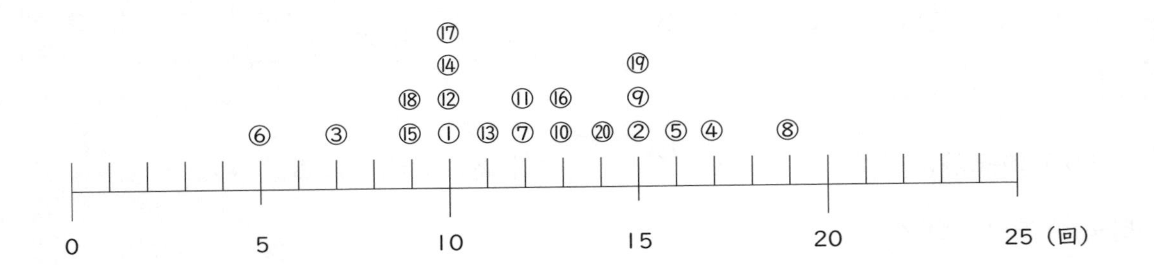

(1) 10回図書館に行った人は何人ですか。

[　　　　　　]

(2) 最頻値（モード）を求めなさい。

[　　　　　　]

(3) 図書館に行ったのがいちばん多い回数は何回ですか。

[　　　　　　]

(4) ⑯の人の図書館に行った回数は何回ですか。

[　　　　　　]

(5) 中央値（メジアン）を求めなさい。

[　　　　　　]

2 **1**のドットプロットを度数分布表に表します。次の問いに答えなさい。

(1) 右の表にあてはまる数を答えなさい。

1か月間に図書館に行った回数

行った回数（回）	人数（人）
0以上5未満	[　　]
5～10	[　　]
10～15	[　　]
15～20	[　　]
20～25	[　　]
合計	20

(2) この度数分布表の階級の幅は何回ですか。

[　　　　]

(3) ①の人の10回はどの階級にふくまれますか。

[　　　　]

(4) 15回以上20回未満の階級について，全体の度数の合計に対する割合を百分率で求めなさい。

[　　　　]

(5) 1か月間に図書館に行った回数の結果をヒストグラムに表しなさい。

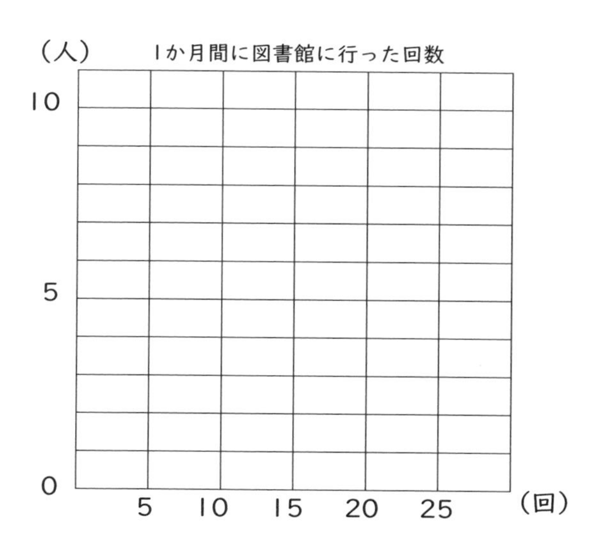

41 起こりうる場合

要点まとめ

解答▶別冊P.26

並べ方と組み合わせ方

並べ方

(1) 並べ方を調べるときは，図や表に表して，順序よく調べる。

(例) Aさん,Bさん,Cさん,Dさんの4人でリレーのチームを作り,1人1回ずつ走るとき，走る順序を考える。

1. 落ちや重なりがないように調べる必要があるので,1番めにAさんが走る場合に，どんな順序があるか考える。
2. 1番めがAさんの場合,2番めはBさん,Cさん,Dさんのだれか1人になる。
3. 2番めをBさんとすると,3番めは ① ， ② のだれか1人になる。
4. 3番めをCさんとすると,4番めは ③ となる。

順序よく調べると下の表のようになる。

1 2 3 4	1 2 3 4	1 2 3 4
A B C D	A B D C	A C B D
A C D B	A D B C	④

このように,1番めがAさんの場合の走る順序は ⑤ 通りあり,1番めがBさん,Cさん,Dさんの場合も同じように ⑤ 通りずつあるので,4人が走る順序は全部で ⑥ 通りある。

(2) (1)の走る順序を考えるときに，右の図のように，起こりうるすべての場合を枝分かれした樹木(じゅもく)のようにかいたものを， ⑦ という。

(例) 右の樹形図で㋐に入るアルファベットは ⑧ で，㋑に入るアルファベットは ⑨ である。

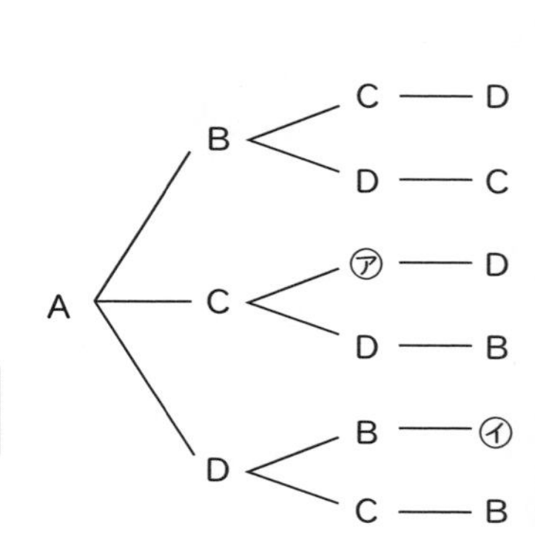

組み合わせ方

⑶ 組み合わせ方も，並べ方と同じように，図や表に表して順序よく調べる。

（例） A, B, C, D, Eの5チームが試合をするとき，試合の組み合わせを考える。

Aの試合	A・B	A・C	A・D	A・E
Bの試合	~~B・A~~	B・C	B・D	B・E
Cの試合	~~C・A~~	~~C・B~~	C・D	C・E
Dの試合	~~D・A~~	~~D・B~~	~~D・C~~	D・E
Eの試合	~~E・A~~	~~E・B~~	~~E・C~~	~~E・D~~

1. 右上のような表で考えると，まずA, B, C, D, Eのそれぞれの試合の組み合わせを書く。

2. A・BとB・Aは同じだから，同じものを消していくと，⑩［　　］通りが残る。

⑷ ⑶の組み合わせを考えるときに，右下のような表で考えることもできる。

それぞれの○が1つの試合を表しているので，○が⑪［　　］個で，試合の組み合わせは⑪［　　］通りである。

	A	B	C	D	E
A		○	○	○	○
B			○	○	○
C				○	○
D					○
E					

⑸ ⑶の組み合わせを，右のような図を使って考えることもできる。

右の五角形の辺と対角線の1本ずつが1つの試合を表しているので，辺と対角線の本数が⑫［　　］本で，試合の組み合わせは⑫［　　］通りである。

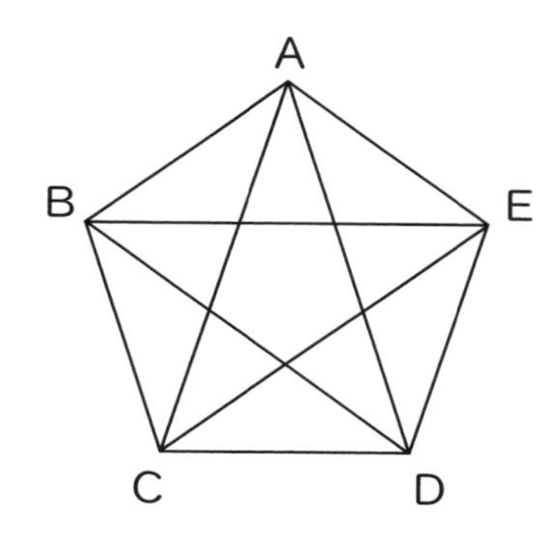

中学では

どうなる？

● あることがらがどれだけの割合で起こるのかを数で表したものを確率（かくりつ）といい，確率を求めるときに並べ方や組み合わせ方を使うことがあるよ。

学習日　月　日

問題を解いてみよう!

解答▶別冊P.26

1 2,3,4,5の4枚のカードのうちの2枚を選んで,2けたの整数をつくります。このとき，次の問いに答えなさい。

(1) 2けたの整数の中でいちばん大きい数は何ですか。

[　　　]

(2) 2けたの整数は，全部で何通りできますか。

[　　　]

(3) 40より大きい整数は，全部で何通りできますか。

[　　　]

(4) 2けたの整数が偶数(ぐうすう)になる場合は，全部で何通りありますか。

[　　　]

2 コインを3回投げるときの表と裏の出方を考えます。右の図は，表を○，裏を×として3回投げるときの出方の一部です。このとき，表と裏の出方は，全部で何通りありますか。

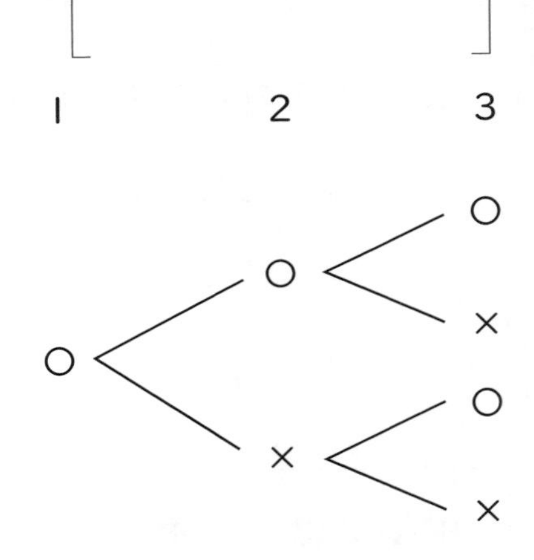

[　　　]

3 Aさん，Bさん，Cさん，Dさんの中から代表を選びます。このとき，次の問いに答えなさい。

(1) ４人の中から代表を１人選ぶとき，代表の選び方は全部で何通りですか。

[　　　　]

(2) ４人の中から代表を２人選ぶとき，代表の選び方は全部で何通りですか。

[　　　　]

(3) ４人の中から代表を３人選ぶとき，代表の選び方は全部で何通りですか。

[　　　　]

(4) ４人の中から代表と副代表を１人ずつ選ぶとき，選び方は全部で何通りですか。

[　　　　]

4 あるレストランでは下のようなセットメニューがあります。

セットメニュー

㋐	㋑	㋒
カレー ラーメン うどん	ポテトサラダ ごぼうサラダ	アイスクリーム ヨーグルト

㋐，㋑，㋒から１つずつ選ぶとき，選び方は全部で何通りありますか。

[　　　　]

完成テスト

得点 ／100

学習日 月 日

解答・解説▶別冊 P.28

1 次の計算をしなさい。 [1つ4点×7]

(1) $476 + 824$

[ ]

(2) $3040 - 1855$

[ ]

(3) $1020 \div 85$

[ ]

(4) 0.8×0.6

[ ]

(5) $\frac{1}{2} + \frac{2}{3} - \frac{1}{6}$

[ ]

(6) $\frac{7}{10} \div \frac{5}{8}$

[ ]

(7) $45 \times 18 + 55 \times 18$

[ ]

2 次の問いに答えなさい。 ［1つ4点×6］

(1) 45981を四捨五入して上から3けたのがい数に表しなさい。

［　　　　］

(2) ジュースが600mLあり，xmL飲んだときの残りの量をymLとします。xとyの関係を表す式を求めなさい。

［　　　　］

(3) 姉と妹で折り紙の枚数が7：6の割合になるように分けます。折り紙の枚数が91枚のとき，分けたあとの妹の枚数は何枚ですか。

［　　　　］

(4) 午後4時45分の40分後の時刻を求めなさい。

［　　　　］

(5) 300円のペンケースを20%びきで買うときの代金を求めなさい。

［　　　　］

(6) 600mの道のりを8分間で歩くときの分速を求めなさい。

［　　　　］

3 下のデータはたまご6個の重さです。このとき，次の問いに答えなさい。［1つ4点×2］

62g　59g　60g　64g　59g　62g

(1) このたまご6個の平均の重さを求めなさい。

［　　　　］

(2) たまごが30個あるとき，合計の重さは何gと考えられますか。(1)の値を用いて求めなさい。

［　　　　］

4 下の表はばねにおもりをつけたときのおもりの重さとばねののびの関係です。このとき，次の問いに答えなさい。　　［1つ4点×3］

おもりの重さx(g)	10	20	30	40	50
ばねののびy(cm)	1	2	3	4	5

(1) ばねののびyはおもりの重さxに比例していますか，反比例していますか。

［　　　　　］

(2) xとyの関係を表す式を書きなさい。

［　　　　　］

(3) ばねののびが8cmのときのおもりの重さを求めなさい。

［　　　　　］

5 次の図形の面積を求めなさい。　　［1つ4点×2］

(1)

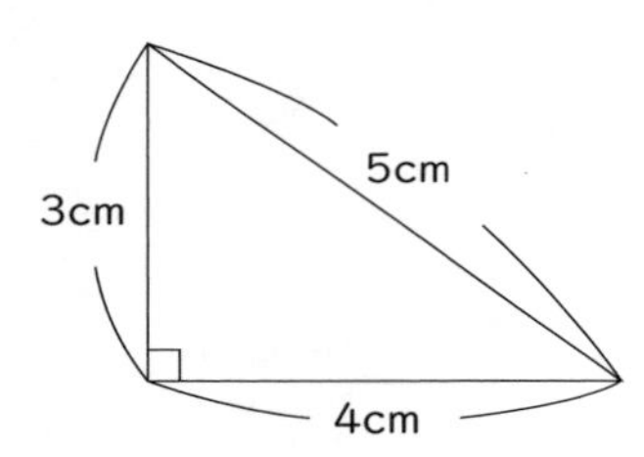

(2)

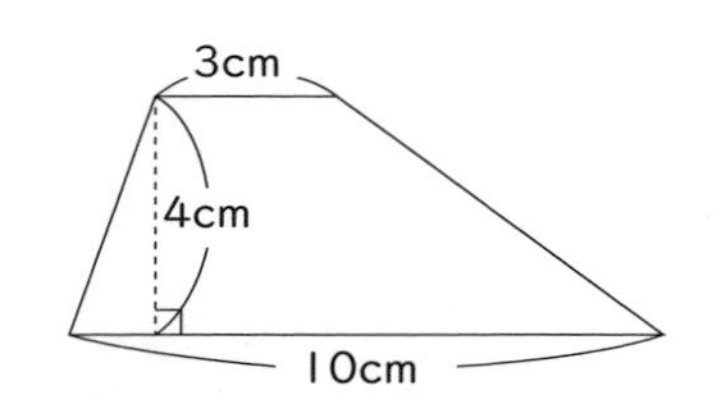

［　　　　　］

6 次の立体の体積を求めなさい。ただし，円周率は3.14とします。 [1つ4点×2]

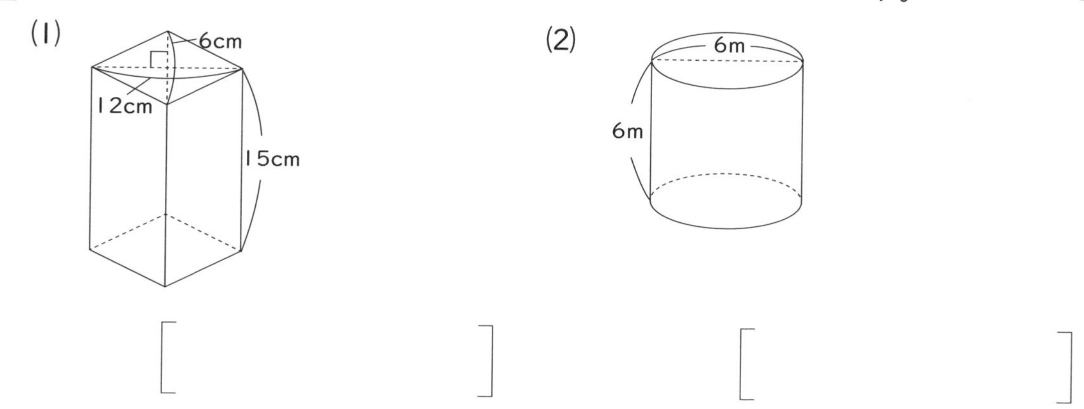

[　　　　　]　　[　　　　　]

7 下の図は,6年生男子20人の握力の結果をドットプロットに表したものです。このとき，次の問いに答えなさい。 [1つ4点×2]

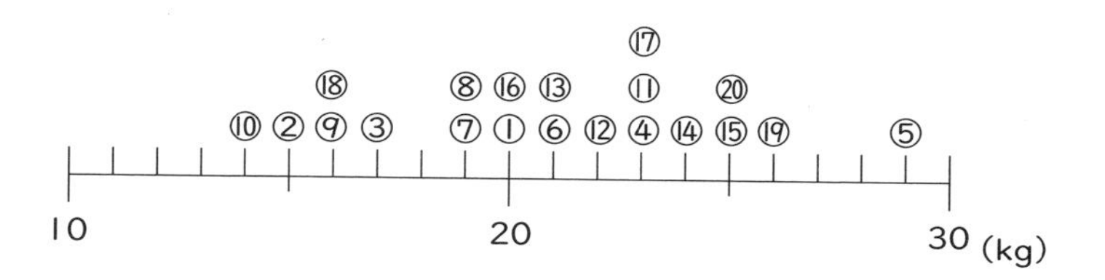

(1) 中央値(メジアン)を求めなさい。

[　　　　　]

(2) 最頻値(モード)を求めなさい。

[　　　　　]

8 4,5,6,7の4枚のカードのうち2枚を選んで,2けたの整数をつくります。このとき,2けたの整数は全部で何通りできますか。 [4点]

[　　　　　]

小学校の算数のだいじなところがしっかりわかるドリル

別冊 解答解説

旺文社

❶章 数と式

1 大きな数

要点まとめ ▶本冊 P.8

①307 ②千（1000）③2000
④700 ⑤2700 ⑥10000
⑦7000 ⑧78 ⑨十万（100000）
⑩百万（1000000）
⑪千万（10000000） ⑫千万 ⑬百万
⑭十万 ⑮一万 ⑯千 ⑰300億
⑱3兆 ⑲3億 ⑳百兆 ㉑一兆
㉒千億 ㉓百億 ㉔一億 ㉕254億
㉖250 ㉗1万（10000） ㉘460万
㉙600万 ㉚> ㉛< ㉜＝

2 整数のたし算・ひき算

要点まとめ ▶本冊 P.10

①筆算 ②十 ③一 ④百 ⑤千
⑥668 ⑦1345 ⑧820 ⑨7424
⑩53624 ⑪十 ⑫百 ⑬212
⑭245 ⑮254 ⑯千 ⑰2418
⑱2968

3 整数のかけ算

要点まとめ ▶本冊 P.12

①10 ②100 ③30 ④96 ⑤6
⑥5 ⑦4 ⑧0 ⑨406 ⑩40
⑪1080 ⑫1134 ⑬114 ⑭874
⑮858 ⑯3718 ⑰5760 ⑱1054
⑲69564 ⑳1038 ㉑161928
㉒1335 ㉓108135 ㉔34
㉕1734

4 整数のわり算

要点まとめ ▶本冊 P.14

①わられる数 ②わる数 ③8 ④20
⑤2 ⑥2 ⑦2 ⑧8 ⑨8 ⑩1
⑪28 ⑫1 ⑬2 ⑭3 ⑮35 ⑯8
⑰3 ⑱238 ⑲3 ⑳3 ㉑10
㉒100 ㉓4 ㉔300

5 がい数

要点まとめ ▶本冊 P.16

①百 ②4000 ③5000 ④四捨五入
⑤千 ⑥50000 ⑦百 ⑧54000
⑨2 ⑩一万 ⑪800000 ⑫3 ⑬千
⑭850000 ⑮切り捨て ⑯切り上げ
⑰以上 ⑱未満 ⑲以下 ⑳2350
㉑2449 ㉒2450 ㉓900 ㉔60
㉕54000 ㉖54000 ㉗80000
㉘40 ㉙2000 ㉚2000

問題を解いてみよう！ ▶本冊 P.18

1 (1)十の位 (2)約5500 (3)約2750
(4)約50000 (5)百の位
(6)約64000 (7)約83300
(8)約76000 (9)約75000

解説

(1)百の位までのがい数にするときは，1つ下の位の十の位を四捨五入すればよいです。
(2)百の位までのがい数に表すには，十の位を四捨五入します。十の位は，5なので，5500になります。

大切 四捨五入では，四捨五入する位の数が5，6，7，8，9だと四捨五入した位とそれより下の位は0になり，四捨五入した位の1つ上の位は1つ大きい数になります。

(3)十の位までのがい数に表すには，一の位を四捨五入します。一の位は，4なので，2750になります。
(4)上から1けたのがい数に表すには，上から2つめの位の千の位を四捨五入します。千の位は，6なので，50000になります。
(5)上から2けたのがい数にするときは，上から3つめの位を四捨五入します。上から3つめの位は，百の位になります。
(6)上から2けたのがい数に表すには，上から3つめの位の百の位を四捨五入します。百の位は，7なので，64000になります。
(7)上から3けたのがい数に表すには，上から4つめの位の十の位を四捨五入します。十の位は，5なので，83300になります。
(8)1000より小さいはしたの数は420です。はしたの数を切り上げるので，420を1000とみます。
よって，75000＋1000＝76000
(9)1000より小さいはしたの数は420です。はしたの数を切り捨てるので，420を0とみます。
よって，75000になります。

2 (1)550以上649以下
(2)550以上650未満

解説
(1)四捨五入して百の位までのがい数にすると600になるいちばん小さい整数は550です。また，いちばん大きい整数は649になります。よって，四捨五入して百の位までのがい数にすると600になる整数のはんいは550以上649以下です。
(2)「○○未満」は，○○は入りません。よって，(1)より550以上650未満になります。

3 (1)約2100 (2)約1300 (3)約500

解説
(1)百の位までのがい数にするには，十の位を四捨五入します。
よって，1200＋900＝2100
(2)百の位までのがい数にするには，十の位を四捨五入します。
よって，700＋500＋100＝1300
(3)百の位までのがい数にするには，十の位を四捨五入します。
よって，1600－700－400＝500

4 (1)約35000 (2)約500 (3)約140

解説
(1)上から1けたのがい数にするには，上から2つめの位を四捨五入します。
よって，500×70＝35000
(2)上から1けたのがい数にするには，上から2つめの位を四捨五入します。
よって，20000÷40＝500
(3)上から1けたのがい数にするには，上から2つめの位を四捨五入します。
よって，70000÷500＝140

6 整数

要点まとめ ▶本冊 P.20

①偶数(ぐうすう) ②奇数(きすう) ③偶数 ④8
⑤2×□ ⑥11 ⑦2×□＋1 ⑧倍数
⑨最小公倍数 ⑩5 ⑪10 ⑫20
⑬40 ⑭3 ⑮30 ⑯2 ⑰30
⑱30 ⑲約数 ⑳最大公約数

問題を解いてみよう！ ▶本冊 P.22

1 (1)奇数 (2)10 (3)21，42，63
(4)1，3，7，21(順不同) (5)偶数
(6)16 (7)32，64，96
(8)1，2，4，8，16，32(順不同)
(9)偶数

解説

(1)21は,2でわりきれません。

(2)21÷2=10あまり1より,
21=2×10+1と表されます。

(3)21×1=21,21×2=42,
21×3=63

(4)21をわりきることのできる数は,1,3,7,21の4つです。

(5)32は,2でわりきれます。

(6)32÷2=16より,32=2×16と表されます。

(7)32×1=32,32×2=64,
32×3=96

(8)32をわりきることのできる数は,1,2,4,8,16,32の6つです。

(9)0は,偶数とします。

2 (1)48,96,144　(2)48
(3)1,2,4,8(順不同)　(4)8

解説

(1)24の倍数は,24,48,72,…で,この中で16の倍数は,48より,最小公倍数は,48となり,48×1=48,48×2=96,48×3=144となります。

(2)(1)より,48

(3)16の約数は,1,2,4,8,16で,この中で24の約数でもあるのは,1,2,4,8です。

(4)(3)より,8

3 (1)24　(2)30　(3)24　(4)36
(5)189

解説

(1)8の倍数は,8,16,24,…で,この中で最小の6の倍数は,24となります。

(2)6の倍数は,6,12,18,24,30,…で,この中で最小の5の倍数は,30となります。

(3)12の倍数は,12,24,36,…で,この中で最小の8の倍数は,24となります。

(4)36の倍数は,36,72,108,…です。
18の倍数を36の倍数の中から見つけると,36,72,108,…です。
12の倍数を,見つけた数の中から見つけると,36,72,108,…です。
よって,12,18,36の最小公倍数は,36となります。

(5)27の倍数は,27,54,81,108,135,162,189,…です。
21の倍数を,27の倍数の中から見つけると,189,…です。
9の倍数を,見つけた数の中から見つけると,189,…です。
よって,9,21,27の最小公倍数は,189となります。

4 (1)3　(2)5　(3)9　(4)12　(5)14

解説

(1)6の約数は,1,2,3,6で,この中で最大の9の約数は,3です。

(2)10の約数は,1,2,5,10で,この中で最大の15の約数は,5です。

(3)9の約数は,1,3,9で,この中で最大の18の約数は,9です。

(4)36の約数は,1,2,3,4,6,9,12,18,36で,この中で最大の48の約数は,12です。

(5)42の約数は,1,2,3,6,7,14,21,42で,この中で最大の56の約数は,14です。

7 小数の性質

要点まとめ ▶本冊 P.24

①0.1　②小数点　③$\frac{1}{10}$　④一位
⑤0.1　⑥0.1　⑦0.1　⑧0.8
⑨1.4　⑩い　⑪8　⑫14　⑬い
⑭<　⑮0.01　⑯0.01　⑰0.001
⑱0.1　⑲0.5　⑳0.01　㉑0.04
㉒0.001　㉓0.003　㉔3.543

㉕ $\frac{1}{100}$　㉖ $\frac{1}{1000}$　㉗ $\frac{1}{10000}$

8 小数のたし算・ひき算

要点まとめ　▶本冊 P.26

①1.2　②1　③4　④6　⑤3　⑥7
⑦1　⑧1　⑨7　⑩5.17　⑪700
⑫0.7　⑬0.5　⑭29　⑮2.9　⑯292
⑰2.92　⑱8000　⑲784　⑳7216
㉑7.216

問題を解いてみよう!　▶本冊 P.28

1　(1)0.4　(2)1.2　(3)0.6　(4)0.7
(5)0.17　(6)0.61　(7)0.06
(8)0.59

解説

(1)0.1をもとにすると,0.1が
1＋3＝4で0.4になります。
(2)0.1をもとにすると,0.1が
5＋7＝12で1.2になります。
(3)0.1をもとにすると,0.1が7－1＝6で
0.6になります。
(4)0.1をもとにすると,0.1が
11－4＝7で0.7になります。
(5)0.01をもとにすると,0.01が
4＋13＝17で0.17になります。
(6)0.01をもとにすると,0.01が
11＋50＝61で0.61になります。
(7)0.01をもとにすると,0.01が
8－2＝6で0.06になります。
(8)0.01をもとにすると,0.01が
60－1＝59で0.59になります。

2　(1)8.5　(2)12.1　(3)6　(4)12.6
(5)8.5　(6)17.19　(7)7.825
(8)10.9　(9)3.5　(10)0.5　(11)3.5
(12)0.1　(13)2.37　(14)3.61
(15)0.055　(16)0.169

解説

(1)位をそろえて整数のように計算すると,
51＋34＝85となり, 小数点をうつと,
8.5になります。
(2)位をそろえて整数のように計算すると,
45＋76＝121となり, 小数点をうつと,12.1になります。
(3)位をそろえて整数のように計算すると,
43＋17＝60となり, 小数点をうつと,
6.0となり, 小数点より右はしの0を消すので,6になります。
(4)位をそろえて整数のように計算すると,
80＋46＝126となり, 小数点をうつと,12.6になります。
(5)位をそろえて整数のように計算すると,
246＋604＝850となり, 小数点をうつと,8.50となり, 小数点より右はしの0を消すので,8.5になります。
(6)位をそろえて整数のように計算すると,
1150＋569＝1719となり, 小数点をうつと,17.19になります。
(7)位をそろえて整数のように計算すると,
7100＋725＝7825となり, 小数点をうつと,7.825になります。
(8)位をそろえて整数のように計算すると,
8003＋2897＝10900となり, 小数点をうつと,10.900となり, 小数点より右はしの0を消すので,10.9になります。
(9)位をそろえて整数のように計算すると,
78－43＝35となり, 小数点をうつと,
3.5になります。
(10)位をそろえて整数のように計算すると,
21－16＝5となり,0をつけることに気をつけて小数点をうつと,0.5になります。
(11)位をそろえて整数のように計算すると,
50－15＝35となり, 小数点をうつと,
3.5になります。
(12)位をそろえて整数のように計算すると,
70－69＝1となり,0をつけることに気をつけて, 小数点をうつと,0.1になりま

す。

(13)位をそろえて整数のように計算すると，588－351＝237となり，小数点をうつと，2.37になります。

(14)位をそろえて整数のように計算すると，1230－869＝361となり，小数点をうつと，3.61になります。

(15)位をそろえて整数のように計算すると，1000－945＝55となり，0をつけることに気をつけて小数点をうつと，0.055になります。

(16)位をそろえて整数のように計算すると，1050－881＝169となり，0をつけることに気をつけて小数点をうつと，0.169になります。

9 小数のかけ算・わり算

要点まとめ

▶本冊 P.30

①4　②32　③3.2　④10　⑤10

⑥3.2　⑦23550　⑧和　⑨2　⑩1

⑪3　⑫23.55　⑬小さく

⑭わられる数　⑮$\frac{1}{10}$　⑯24　⑰10

⑱1.6　⑲大きく

問題を解いてみよう！

▶本冊 P.32

1　(1)5.4　(2)6.9　(3)0.35　(4)0.7

(5)0.05　(6)6

解説

(1)9×6＝54は積を10倍した数だから，10でわって，5.4になります。

(2)23×3＝69は積を10倍した数だから，10でわって，6.9になります。

(3)7×5＝35は積を100倍した数だから，100でわって，0.35になります。

(4)28÷4＝7より，0.1が7個分なので，0.7になります。

(5)45÷9＝5より，0.01が5個分なので，0.05になります。

(6)3.6と0.6の両方を10倍して，36÷6＝6より，6になります。

2　ウ，オ，キ（順不同）

解説

ウの0.7は1より小さいので，5.1に0.7をかけると5.1よりも小さくなります。オとキの3と1.7は1より大きいので，5.1を3や1.7でそれぞれわると5.1よりも小さくなります。

大切　かけ算の積は，かける数が1より小さいときにかけられる数より小さくなります。わり算の商は，わる数が1より大きいときにわられる数より小さくなります。

3　(1)18.9　(2)4.16　(3)17.34

(4)15.072

解説

(1)27×7＝189で，積の小数点は右から1けたのところにうつので，18.9になります。

(2)52×8＝416で，積の小数点は右から2けたのところにうつので，4.16になります。

(3)34×51＝1734で，積の小数点は右から2けたのところにうつので，17.34になります。

(4)314×48＝15072で，積の小数点は右から3けたのところにうつので，15.072になります。

4　(1)1.5　(2)2.7　(3)7　(4)2.5　(5)8

(6)2.1

解説

(1)45÷3＝15でわられる数の小数点にそろえて商の小数点をうつと，1.5になります。

(2)わる数とわられる数の小数点を右に1つうつして，$10.8 \div 4 = 2.7$より，2.7になります。

(3)わる数とわられる数の小数点を右に1つうつして，$42 \div 6 = 7$より，7になります。

(4)わる数とわられる数の小数点を右に1つうつして，$10 \div 4 = 2.5$より，2.5になります。

(5)わる数とわられる数の小数点を右に1つうつして，$416 \div 52 = 8$より，8になります。

(6)わる数とわられる数の小数点を右に1つうつして，$56.7 \div 27 = 2.1$より，2.1になります。

10 分数の性質

要点まとめ ▶本冊 P.34

①5　②分母　③分子　④$\frac{1}{7}$　⑤$\frac{3}{7}$

⑥$\frac{5}{7}$　⑦10　⑧10　⑨と等しい

⑩真分数　⑪小さい　⑫仮分数

⑬大きい　⑭帯分数　⑮大きい　⑯$2\frac{1}{3}$

⑰$\frac{11}{4}$　⑱2　⑲3　⑳5

11 分数のたし算・ひき算

要点まとめ ▶本冊 P.36

①$\frac{1}{9}$　②$\frac{7}{9}$　③$\frac{1}{7}$　④$\frac{4}{7}$　⑤$3\frac{5}{7}$　⑥$\frac{9}{7}$

⑦$\frac{17}{7}$　⑧$\frac{26}{7}$　⑨5　⑩$1\frac{2}{4}\left(1\frac{1}{2}\right)$

⑪通分　⑫約分　⑬12　⑭3　⑮8

⑯$\frac{11}{12}$　⑰8　⑱5　⑲$2\frac{3}{10}\left(\frac{23}{10}\right)$　⑳24

㉑5　㉒48　㉓25　㉔$\frac{23}{10}\left(2\frac{3}{10}\right)$

問題を解いてみよう！ ▶本冊 P.38

1 (1)$\frac{5}{8}$　(2)$\frac{4}{9}$　(3)$6\frac{4}{7}\left(\frac{46}{7}\right)$

(4)$2\frac{2}{5}\left(\frac{12}{5}\right)$　(5)$2\frac{3}{11}\left(\frac{25}{11}\right)$

(6)$1\frac{3}{10}\left(\frac{13}{10}\right)$　(7)$1\frac{1}{9}\left(\frac{10}{9}\right)$　(8)$\frac{5}{12}$

解説

(1)$\frac{1}{8}+\frac{4}{8}=\frac{5}{8}$

(2)$\frac{6}{9}-\frac{2}{9}=\frac{4}{9}$

(3)$1\frac{1}{7}+5\frac{3}{7}=(1+5)+\left(\frac{1}{7}+\frac{3}{7}\right)=6\frac{4}{7}$

(4)$\frac{4}{5}+1\frac{3}{5}=1+\left(\frac{4}{5}+\frac{3}{5}\right)=1+\frac{7}{5}$

$=1+1\frac{2}{5}=2\frac{2}{5}$

(5)$4\frac{10}{11}-2\frac{7}{11}=(4-2)+\left(\frac{10}{11}-\frac{7}{11}\right)$

$=2\frac{3}{11}$

(6)$2-\frac{7}{10}=1\frac{10}{10}-\frac{7}{10}$

$=1\frac{3}{10}$

(7)$\frac{1}{9}+\frac{5}{9}+\frac{4}{9}=\frac{6}{9}+\frac{4}{9}$

$=\frac{10}{9}=1\frac{1}{9}$

(8)$\frac{11}{12}-\frac{5}{12}-\frac{1}{12}=\frac{6}{12}-\frac{1}{12}$

$=\frac{5}{12}$

2 (1)$\frac{5}{20}$，$\frac{12}{20}$　(2)$\frac{3}{18}$，$\frac{10}{18}$

(3)$\frac{14}{24}$，$\frac{15}{24}$　(4)$\frac{9}{30}$，$\frac{19}{30}$

解説

(1)分母の4と5の最小公倍数は20だから，分母が20となる分数になおすとそれぞれ$\frac{5}{20}$，$\frac{12}{20}$になります。

大切 通分するときは，それぞれの分母を分母の最小公倍数の値にそろえます。

(2)分母の6と9の最小公倍数は18だから，分母が18となる分数になおすとそれぞれ$\frac{3}{18}$，$\frac{10}{18}$になります。

(3)分母の12と8の最小公倍数は24だから，分母が24となる分数になおすとそれぞれ$\frac{14}{24}$，$\frac{15}{24}$になります。

(4)分母の10と30の最小公倍数は30だから，分母が30となる分数になおすとそれぞれ$\frac{9}{30}$，$\frac{19}{30}$になります。

3 (1)$\frac{1}{3}$ (2)$\frac{1}{2}$ (3)$\frac{5}{6}$ (4)$\frac{3}{4}$ (5)$\frac{2}{3}$
(6)$3\frac{7}{10}\left(\frac{37}{10}\right)$

解説

(1)分母と分子を3と9の最大公約数の3でわると，$\frac{1}{3}$になります。

大切 約分するときは，分母と分子を分母と分子の最大公約数の値でわります。

(2)分母と分子を4と8の最大公約数の4でわると，$\frac{1}{2}$になります。

(3)分母と分子を10と12の最大公約数の2でわると，$\frac{5}{6}$になります。

(4)分母と分子を12と16の最大公約数の4でわると，$\frac{3}{4}$になります。

(5)分母と分子を32と48の最大公約数の16でわると，$\frac{2}{3}$になります。

(6)分母と分子を35と50の最大公約数の5でわると，$3\frac{7}{10}$になります。

4 (1)$\frac{13}{15}$ (2)$\frac{7}{10}$ (3)$3\frac{1}{18}\left(\frac{55}{18}\right)$ (4)$\frac{8}{21}$
(5)$\frac{3}{8}$ (6)$\frac{1}{6}$ (7)$1\frac{5}{18}\left(\frac{23}{18}\right)$
(8)$1\frac{11}{24}\left(\frac{35}{24}\right)$

解説

(1)$\frac{1}{5}+\frac{2}{3}=\frac{3}{15}+\frac{10}{15}=\frac{13}{15}$

大切 分母がちがう分数のたし算・ひき算は，まず通分してから計算します。

(2)$\frac{9}{20}+\frac{1}{4}=\frac{9}{20}+\frac{5}{20}=\frac{14}{20}=\frac{7}{10}$

大切 答えが約分できるときは，約分をします。

(3)$2\frac{1}{6}+\frac{8}{9}=2\frac{3}{18}+\frac{16}{18}=2+\frac{19}{18}$
$=2+1\frac{1}{18}=3\frac{1}{18}$

(4)$\frac{5}{7}-\frac{1}{3}=\frac{15}{21}-\frac{7}{21}=\frac{8}{21}$

(5)$1\frac{1}{4}-\frac{7}{8}=1\frac{2}{8}-\frac{7}{8}=\frac{10}{8}-\frac{7}{8}=\frac{3}{8}$

(6)$\frac{13}{12}-\frac{1}{6}-\frac{3}{4}=\frac{13}{12}-\frac{2}{12}-\frac{9}{12}=\frac{2}{12}=\frac{1}{6}$

(7)$\frac{1}{18}+\frac{2}{3}+\frac{5}{9}=\frac{1}{18}+\frac{12}{18}+\frac{10}{18}$
$=\frac{23}{18}=1\frac{5}{18}$

(8)$\frac{1}{4}+\frac{3}{8}+\frac{5}{6}=\frac{6}{24}+\frac{9}{24}+\frac{20}{24}=\frac{35}{24}=1\frac{11}{24}$

12 分数のかけ算・わり算

要点まとめ ▶本冊 P.40

①分母 ②分子 ③分母 ④分子
⑤小さく ⑥2 ⑦1 ⑧$\frac{5}{14}$ ⑨$\frac{5}{1}$
⑩$\frac{5}{8}$ ⑪積 ⑫逆数 ⑬分子 ⑭分母
⑮わる数 ⑯大きく ⑰1 ⑱2
⑲$\frac{5}{28}$ ⑳$\frac{12}{1}$ ㉑$\frac{3}{1}$ ㉒36

問題を解いてみよう！ ▶本冊 P.42

1 (1)$\frac{13}{4}\left(3\frac{1}{4}\right)$ (2)$\frac{2}{7}$ (3)$\frac{1}{6}$ (4)$\frac{5}{6}$
(5)$\frac{5}{23}$ (6)$\frac{4}{5}$

解説

(1)$\frac{4}{13}\times\frac{13}{4}=1$より，$\frac{4}{13}$の逆数は$\frac{13}{4}$です。

大切 2つの積が1になるときは一方の数は，もう一方の逆数になります。

(2)$\frac{7}{2}\times\frac{2}{7}=1$より，$\frac{7}{2}$の逆数は$\frac{2}{7}$です。

(3)$6=\frac{6}{1}$より，逆数は$\frac{1}{6}$です。

(4)$1.2=\frac{12}{10}=\frac{6}{5}$より，逆数は$\frac{5}{6}$です。

(5) $4.6=\frac{46}{10}=\frac{23}{5}$ より，逆数は $\frac{5}{23}$ です。
(6) $1.25=\frac{125}{100}=\frac{5}{4}$ より，逆数は $\frac{4}{5}$ です。

2 (1) $\frac{12}{13}$ (2) $\frac{3}{5}$ (3) $\frac{5}{3}\left(1\frac{2}{3}\right)$ (4) $\frac{7}{16}$
(5) $\frac{2}{7}$ (6) $\frac{1}{18}$

解説

(1) $\frac{4}{13}\times 3=\frac{4\times 3}{13}=\frac{12}{13}$
(2) $\frac{1}{5}\times 3=\frac{1\times 3}{5}=\frac{3}{5}$
(3) $\frac{5}{6}\times 2=\frac{5\times 2}{6}=\frac{5\times 1}{3}=\frac{5}{3}$
(4) $\frac{7}{8}\div 2=\frac{7}{8\times 2}=\frac{7}{16}$
(5) $\frac{6}{7}\div 3=\frac{6}{7\times 3}=\frac{2}{7\times 1}=\frac{2}{7}$
(6) $\frac{5}{9}\div 10=\frac{5}{9\times 10}=\frac{1}{9\times 2}=\frac{1}{18}$

3 (1) $\frac{3}{20}$ (2) $\frac{15}{56}$ (3) $\frac{1}{9}$ (4) $\frac{3}{4}$
(5) $\frac{32}{5}\left(6\frac{2}{5}\right)$ (6) 15 (7) $\frac{5}{4}\left(1\frac{1}{4}\right)$
(8) $\frac{20}{21}$ (9) $\frac{1}{8}$ (10) $\frac{5}{27}$ (11) $\frac{14}{5}\left(2\frac{4}{5}\right)$
(12) 16

解説

(1) $\frac{3}{4}\times\frac{1}{5}=\frac{3\times 1}{4\times 5}=\frac{3}{20}$
(2) $\frac{5}{7}\times\frac{3}{8}=\frac{5\times 3}{7\times 8}=\frac{15}{56}$
(3) $\frac{1}{6}\times\frac{2}{3}=\frac{1\times 2}{6\times 3}=\frac{1\times 1}{3\times 3}=\frac{1}{9}$
(4) $\frac{9}{10}\times\frac{5}{6}=\frac{9\times 5}{10\times 6}=\frac{3\times 1}{2\times 2}=\frac{3}{4}$
(5) $8\times\frac{4}{5}=\frac{8\times 4}{1\times 5}=\frac{32}{5}$
(6) $6\times\frac{5}{2}=\frac{6\times 5}{1\times 2}=\frac{3\times 5}{1\times 1}=15$
(7) $\frac{1}{2}\div\frac{2}{5}=\frac{1}{2}\times\frac{5}{2}=\frac{1\times 5}{2\times 2}=\frac{5}{4}$
(8) $\frac{5}{7}\div\frac{3}{4}=\frac{5}{7}\times\frac{4}{3}=\frac{5\times 4}{7\times 3}=\frac{20}{21}$
(9) $\frac{5}{12}\div\frac{10}{3}=\frac{5}{12}\times\frac{3}{10}=\frac{5\times 3}{12\times 10}=\frac{1\times 1}{4\times 2}$
$=\frac{1}{8}$
(10) $\frac{7}{18}\div\frac{21}{10}=\frac{7}{18}\times\frac{10}{21}=\frac{7\times 10}{18\times 21}=\frac{1\times 5}{9\times 3}$
$=\frac{5}{27}$
(11) $7\div\frac{5}{2}=\frac{7}{1}\times\frac{2}{5}=\frac{7\times 2}{1\times 5}=\frac{14}{5}$
(12) $6\div\frac{3}{8}=\frac{6}{1}\times\frac{8}{3}=\frac{6\times 8}{1\times 3}=\frac{2\times 8}{1\times 1}=16$

13 いろいろな計算

要点まとめ

▶本冊 P.44

①同じ ②125 ③6 ④12 ⑤2
⑥10 ⑦5 ⑧3 ⑨21 ⑩ひき
⑪3 ⑫わり ⑬6 ⑭かけ ⑮6
⑯10 ⑰たし ⑱16 ⑲○ ⑳□
㉑△ ㉒△ ㉓○ ㉔○ ㉕△ ㉖□

問題を解いてみよう！

▶本冊 P.46

1 (1) 7 (2) 17 (3) 6 (4) 9 (5) 320
(6) 310 (7) 10

解説

(1) $17-(9+1)=17-10=7$
(2) $(12-5)+(7+3)=7+10=17$
(3) $14-4\times 2=14-8=6$
(4) $27\div(9-6)=27\div 3=9$
(5) $120+50\times 4=120+200=320$
(6) $500-(30\times 4+70)$
$=500-(120+70)=500-190$
$=310$
(7) $50\div(35\div 7)=50\div 5=10$

大切
・ふつうは，左から順に計算します。
・（ ）のある式は，（ ）の中を先に計算します。
・×や÷は，＋や－より先に計算します。

2 (1) 1248 (2) 2079 (3) 4900
(4) 3500

解説

(1) $104\times 12=(100+4)\times 12$
$=100\times 12+4\times 12=1200+48$
$=1248$
(2) $99\times 21=(100-1)\times 21$

$= 100 \times 21 - 1 \times 21 = 2100 - 21$
$= 2079$

(3) $74 \times 49 + 26 \times 49 = (74 + 26) \times 49$
$= 100 \times 49 = 4900$

(4) $517 \times 7 - 17 \times 7$
$= (517 - 17) \times 7$
$= 500 \times 7$
$= 3500$

大切【分配のきまり】
(○＋△)×□＝○×□＋△×□
(○－△)×□＝○×□－△×□

3 (1)237　(2)5300　(3)24　(4)47

解説

(1) $137 + 49 + 51 = 137 + (49 + 51)$
$= 137 + 100 = 237$

大切【結合のきまり】
(○＋△)＋□＝○＋(△＋□)
(○×△)×□＝○×(△×□)

(2) $25 \times 53 \times 4 = 25 \times 4 \times 53$
$= 100 \times 53 = 5300$

大切【交かんのきまり】
○＋△＝△＋○
○×△＝△×○

(3) $7.2 + 14 + 2.8 = 7.2 + 2.8 + 14$
$= 10 + 14 = 24$

(4) $8 \times 4.7 \times 1.25 = 8 \times 1.25 \times 4.7$
$= 10 \times 4.7 = 47$

14 文字を用いた式

要点まとめ

▶本冊 P.48

①やってきたすずめの数　②8　③15
④15　⑤8　⑥7　⑦5　⑧10　⑨15
⑩20　⑪針金の重さ　⑫針金の長さ
⑬2　⑭x　⑮x　⑯y　⑰7　⑱42

問題を解いてみよう！

▶本冊 P.50

1 (1)24＋□　(2)24＋□＝32　(3)8

解説

(1)(もとのカード)＋(買ったカード) より，24＋□になります。
(2)(もとのカード)＋(買ったカード)＝(全部のカード) で，(1)より，24＋□＝32になります。
(3)24＋□＝32，□＝32－24＝8

2 (1) $1200 \div x$　(2) $x - 135$
(3) $x - 12 = 20$　(4) $4 \times x = 24$

解説

(1) 1人分のジュースの量を求める式は，(全体の量)÷(人数) より，$1200 \div x$ になります。
(2)(はらった金額)－(ケーキ1個分の値段)＝(おつり) より，$x - 135$ になります。
(3)(シールの全体の枚数)－(妹にあげたシールの枚数)＝(残りのシールの枚数) より，$x - 12 = 20$ になります。
(4)(1人あたりのあめの数)×(人数)＝(全部のあめの数) より，$4 \times x = 24$ になります。

3 (1)ア　(2)42　(3)イ　(4)6　(5)ウ
(6)7

解説

(1)(初めの個数)＋(拾った個数)＝(全体の個数) より，$24 + x = y$ になります。
(2)(1)より，$24 + 18 = y$
よって，$y = 42$ です。
(3)(初めの人数)－(帰った人数)＝(残りの人数) より，$24 - x = y$ になります。
(4)(3)より，$24 - x = 18$
よって，$x = 24 - 18 = 6$ です。
(5)(秒速)×(時間)＝(道のり) より，
$24 \times x = y$

秒速については本冊P.85も確認しましょう。

(6)(5)より，$24 \times x = 168$

よって，$x = 168 \div 24 = 7$です。

②章 変化と関係

15 比

要点まとめ ▶本冊 P.52

①比 ②a ③b ④2 ⑤2 ⑥5
⑦5 ⑧最大公約数 ⑨12 ⑩8 ⑪3
⑫2 ⑬12 ⑭8 ⑮3 ⑯2 ⑰21
⑱24 ⑲7 ⑳8 ㉑最小公倍数
㉒21 ㉓24 ㉔7 ㉕8

問題を解いてみよう! ▶本冊 P.54

1 (1)$\frac{2}{7}$ (2)$\frac{1}{4}$ (3)7 (4)$\frac{5}{2}\left(2\frac{1}{2}\right)$

解説

(1)$2 \div 7 = \frac{2}{7}$

(2)$3 \div 12 = \frac{3}{12} = \frac{1}{4}$

(3)$7 \div 1 = 7$

(4)$15 \div 6 = \frac{15}{6} = \frac{5}{2}$

大切 $a : b$の比の値は,$a \div b$です。

2 (1)1：3 (2)1：2 (3)1：2
(4)2：3 (5)1：3 (6)2：3
(7)3：4 (8)30：11

解説

(1)$2 : 6 = (2 \div 2) : (6 \div 2) = 1 : 3$

大切 比を簡単にするには，比を表す2つの数の最大公約数でわります。

(2)$7 : 14 = (7 \div 7) : (14 \div 7) = 1 : 2$

(3)$10 : 20 = (10 \div 10) : (20 \div 10)$
$= 1 : 2$

(4)$18 : 27 = (18 \div 9) : (27 \div 9) = 2 : 3$

(5)$0.5 : 1.5 = (0.5 \times 10) : (1.5 \times 10)$
$= 5 : 15 = (5 \div 5) : (15 \div 5) = 1 : 3$

大切 小数で表された比は，整数になるように,10や100などをまずかけます。

(6)$1.6 : 2.4 = (1.6 \times 10) : (2.4 \times 10)$
$= 16 : 24 = (16 \div 8) : (24 \div 8)$
$= 2 : 3$

(7)$\frac{2}{9} : \frac{8}{27} = \left(\frac{2}{9} \times 27\right) : \left(\frac{8}{27} \times 27\right)$
$= 6 : 8 = (6 \div 2) : (8 \div 2) = 3 : 4$

大切 分数で表された比は，分母の最小公倍数をまずかけます。

(8)$5 : \frac{11}{6} = (5 \times 6) : \left(\frac{11}{6} \times 6\right) = 30 : 11$

3 (1)$\frac{4}{7}$ (2)48cm

解説

(1)$4 \div 7 = \frac{4}{7}$

(2)(1)より，横の長さが1のとき，縦の長さは$\frac{4}{7}$なので,$84 \times \frac{4}{7} = 48$(cm) です。

大切 比で表された数値は，比の一方を1とみたり，等しい比をつくったりすれば求められます。

4 (1)$3 : 2 = 90 : x$ (2)60mL

解説

(1)3：2の3は牛乳の量を表し,2はコーヒーの量を表しています。牛乳の量は90mL，コーヒーの量はxmLなので，$3 : 2 = 90 : x$になります。

(2)(1)より,90は3の30倍なので，
$2 \times 30 = 60$(mL) になります。

5 (1)5：9 (2)$5 : 9 = x : 81$
(3)45枚 (4)36枚

解説

(1)$5 : (5 + 4) = 5 : 9$

(2)5：9の5は，兄に分けられるカードの枚数を表し,9が全体の枚数を表しています。兄のカードの枚数はx枚，全体のカードは81枚なので,$5 : 9 = x : 81$になります。

(3)(2)より,81は9の9倍なので，
$5 \times 9 = 45$(枚) です。

(4)81 − 45 = 36(枚)

16 比例①

要点まとめ ▶本冊 P.56

①8 ②7 ③6 ④5 ⑤1 ⑥減って
⑦10 ⑧25 ⑨25 ⑩4 ⑪8
⑫12 ⑬16 ⑭20 ⑮4 ⑯増えて
⑰4 ⑱4 ⑲4 ⑳28 ㉑4 ㉒18
㉓4 ㉔4.5

17 比例②

要点まとめ ▶本冊 P.58

①3 ②6 ③9 ④12 ⑤15 ⑥2
⑦3 ⑧比例 ⑨0.5 ⑩1.5 ⑪$\frac{3}{4}$
⑫$\frac{5}{4}$ ⑬× ⑭1.5 ⑮12 ⑯2
⑰3 ⑱1

問題を解いてみよう! ▶本冊 P.60

1 (1)左から 80, 160, 240, 320, 400, 480
(2)0.4倍$\left(\frac{2}{5}\text{倍}\right)$ (3)$\frac{5}{3}$倍
(4)比例する (5)$y = 80 \times x$
(6)4倍 (7)640m

解説

(1)速さは分速80mなので,(速さ)×(時間)=(道のり)より, 80×(xの値)をそれぞれ求めます。速さについては,本冊P.84, P.85も確認しましょう。
(2)$160 \div 400 = \frac{160}{400} = \frac{2}{5} = 0.4$(倍)
(3)$400 \div 240 = \frac{400}{240} = \frac{5}{3}$(倍)
(4)xの値が2倍, 3倍, …になると,それにともなってyの値も, 2倍, 3倍, …になっているので, yはxに比例しています。
(5)(道のり)=(速さ)×(時間)で,速さが分速80mでx分間歩いたときの道のりymを求めるので, $y = 80 \times x$になります。
(6)時間が$8 \div 2 = 4$(倍)になっているので,道のりも4倍になります。
(7)(6)より, $160 \times 4 = 640$(m)です。

2 (1)$y = 4 \times x$
(2)左から 4, 8, 12, 16
(3)(4)

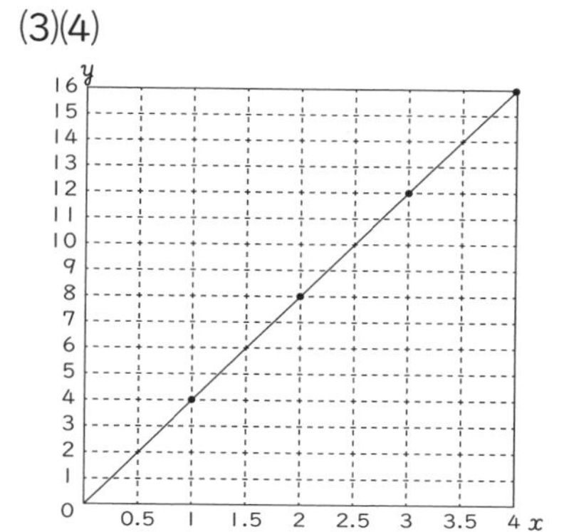

(5)比例する (6)10 (7)3.5

解説

(1)(長方形の面積)=(縦)×(横)より, $y = 4 \times x$になります。
(2)(1)にxの値をそれぞれあてはめます。
(3)

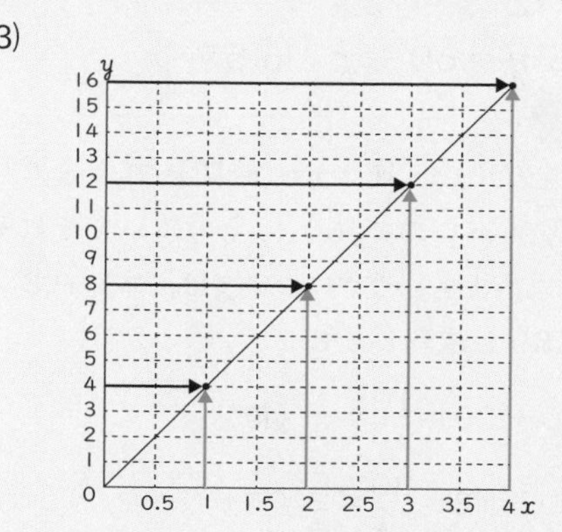

xが1, yが4の点, xが2, yが8の点, xが3, yが12の点, xが4, yが16の点を,とっていけばよいです。

大切【比例のグラフのかき方】
1. 横軸(よこじく)に書かれた値をxの値,縦軸(たてじく)に書かれた値をyの値として,点をとる。

2. 0の点と，とった点を直線でつなぐ。

(4)(3)でかいた点を通る直線をじょうぎを使ってかきます。

(5)(4)のグラフより，0の点を通り，直線なので，比例しています。

(6)(4)のグラフより，xの値が2.5のときのyの値を読み取ると10です。

(7)(4)のグラフより，yの値が14のときのxの値を読み取ると3.5です。

18 反比例

要点まとめ ▶本冊 P.62

①24　②12　③8　④6　⑤4.8

⑥4　⑦$\frac{1}{2}$　⑧$\frac{1}{3}$　⑨反比例　⑩2　⑪3

⑫積　⑬÷　⑭1　⑮2

問題を解いてみよう！ ▶本冊 P.64

1 (1)左から60, 30, 20, 15, 12, 10

(2)$\frac{1}{2}$倍　(3)$\frac{5}{2}$倍　(4)反比例する

(5)$y=60\div x$　(6)5秒

解説

(1)(道のり)÷(速さ)＝(時間)で，道のりは，60mなので，60÷(xの値)をそれぞれ求めます。速さについては，本冊P.84，P.85も確認しましょう。

(2) $10\div 20=\frac{10}{20}=\frac{1}{2}$ (倍)

(3) $30\div 12=\frac{30}{12}=\frac{5}{2}$ (倍)

(4)xの値が2倍，3倍，…になると，それにともなってyの値は$\frac{1}{2}$倍，$\frac{1}{3}$倍，…になっているので，yはxに反比例しています。

(5)(時間)＝(道のり)÷(速さ)で，道のりが60mで秒速がxmのときの時間y秒を求めるので，$y=60\div x$になります。

(6)(5)より，60÷12＝5(秒)です。

2 (1)左から6, 3, 2, 1.5, 1.2, 1

(2)$\frac{1}{2}$倍，$\frac{1}{3}$倍，…になる

(3)反比例する

(4)

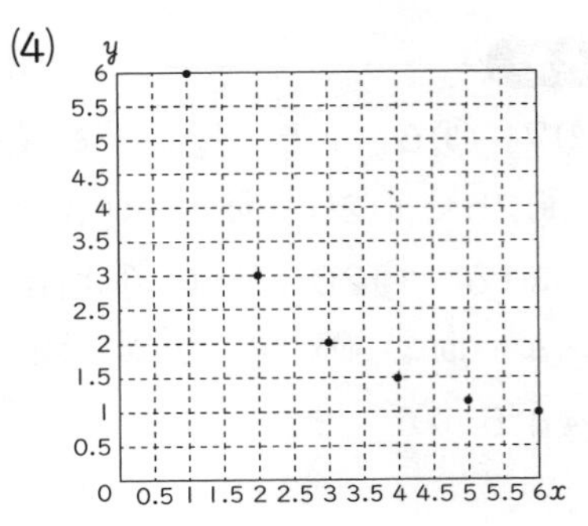

(5)$y=6\div x$　(6)4分

解説

(1)(容積)÷(1分あたりの量)＝(かかった時間)で，容積が6Lなので，$6\div x$の値をそれぞれ求めます。

(2)(1)の表より，xの値が2倍，3倍，…になると，それにともなってyの値は$\frac{1}{2}$倍，$\frac{1}{3}$倍，…になっています。

(3)(2)より，yはxに反比例しています。

(4)

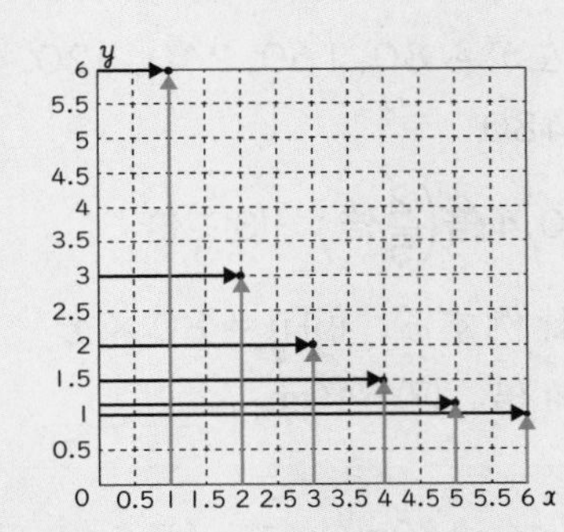

xが1，yが6の点，xが2，yが3の点，xが3，yが2の点，xが4，yが1.5の点，xが5，yが1.2の点，xが6，yが1の点を，とっていけばよいです。

(5)(かかった時間)＝(容積)÷(1分あたりの量)で，容積が6Lで毎分xL入れるときの時間がy分となるので，$y=6\div x$になります。

(6)(5)より，6÷1.5＝4(分)です。

③章 測量

19 長さ・かさ

要点まとめ ▶本冊 P.66

①6　②3　③直線　④道のり　⑤10
⑥100　⑦1000　⑧cm　⑨mm
⑩m　⑪m　⑫km　⑬同じ　⑭600
⑮1080　⑯1　⑰80　⑱100　⑲10
⑳同じ　㉑5　㉒8　㉓1　㉔6

20 時刻と時間・重さ

要点まとめ ▶本冊 P.68

①3　②時間　③60　④60　⑤60
⑥24　⑦12　⑧12　⑨同じ　⑩20
⑪20　⑫30　⑬30　⑭3　⑮30
⑯g　⑰1　⑱10　⑲540　⑳1000
㉑1000　㉒同じ　㉓1　㉔580
㉕880

21 割合①

要点まとめ ▶本冊 P.70

①かけ　②ゆうきさん　③×　④48
⑤わり　⑥青いなわ　⑦÷　⑧6
⑨横の長さ　⑩×　⑪90　⑫90　⑬3
⑭30　⑮4　⑯16　⑰0.25　⑱3
⑲10　⑳0.3　㉑B　㉒500　㉓0.7
㉔0.7　㉕350

問題を解いてみよう! ▶本冊 P.72

1　(1)8倍　(2)12倍　(3)30m
(4)140cm²　(5)3　(6)12cm　(7)8g

解説

(1)72÷9＝8(倍)
(2)24÷2＝12(倍)
(3)5×6＝30(m)
(4)14×10＝140(cm²)
(5)5×□＝15より，□＝15÷5＝3です。
(6)ある長さを□cmとすると，
□×7＝84より，
□＝84÷7＝12(cm) です。
(7)ある重さを□gとすると，
□×12＝96より，
□＝96÷12＝8(g) です。

2　(1)Bさん　(2)Cさん　(3)0.2
(4)0.25　(5)0.22　(6)Bさん

解説

(1)シュートした回数が等しいので入った回数が多いほうがよく成功したといえます。よって,Bさんになります。
(2)入った回数が等しいのでシュートした回数が少ないほうがよく成功したといえます。よって,Cさんになります。
(3)4÷20＝0.2

大切 (割合)＝
(比べられる量)÷(もとにする量)
で求めることができます。

(4)5÷20＝0.25
(5)4÷18＝0.222…より0.22
(6)割合が高い人がシュートがよく成功した人なので，(3)～(5)より,Bさんになります。

22 割合②

要点まとめ ▶本冊 P.74

①%　②百分率　③15　④100　⑤28
⑥400　⑦0.07　⑧7　⑨50　⑩40
⑪1.25　⑫125
⑬りんごジュースに入っている果じゅう
⑭りんごジュース　⑮0.3　⑯500
⑰0.3　⑱150　⑲200　⑳0.2
㉑200　㉒0.2　㉓40　㉔200　㉕40
㉖160　㉗0.8　㉘200　㉙0.8

㉚ 160

問題を解いてみよう！

▶本冊 P.76

1 (1)9%　(2)57%　(3)60%
(4)40.7%　(5)124%　(6)200%

解説
(1)0.01で1%なので，0.09で9%です。
(2)0.57は0.01が57個分なので，0.57は，57%です。
(3)0.6は0.01が60個分なので，0.6は，60%です。
(4)0.407は0.01が40.7個分なので，0.407は，40.7%です。
(5)1.24は0.01が124個分なので，1.24は，124%です。
(6)2は0.01が200個分なので，2は，200%です。

2 (1)0.05　(2)2000人　(3)12500人

解説
(1)5%を小数で表すと，0.05
(2)(1)より，$40000 \times 0.05 = 2000$(人)
(3)(1)より，$250000 \times 0.05 = 12500$(人)

3 1.25

解説
比べられる量は，乗客数で，もとにする量は，電車1車両の定員なので，
$200 \div 160 = 1.25$となります。

4 (1)1.5　(2)$\square \times 1.5 = 75$　(3)50g

解説
(1)150%を小数で表すと，1.5
(2)（増量前）×（割合）＝（増量後）より，
(1)から$\square \times 1.5 = 75$
(3)$\square \times 1.5 = 75$，$\square = 75 \div 1.5 = 50$(g)

5 2100円

解説
100%から40%をひいた60%の値段を求めればいいので，60%＝0.6より，
$3500 \times 0.6 = 2100$(円）です。

6 187円

解説
100%から15%をひいた85%の値段を求めればいいので，85%を小数で表すと，0.85となることから，
$220 \times 0.85 = 187$(円）です。

7 1040円

解説
100%に30%を加えた130%の値段を求めればいいので，130%を小数で表すと，1.3となることから，
$800 \times 1.3 = 1040$(円）です。

23 平均

要点まとめ

▶本冊 P.78

①平均　②45＋44＋48＋41＋42
③220　④5　⑤220　⑥5　⑦44
⑧3＋6＋3＋2＋0＋1　⑨15
⑩15　⑪6　⑫2.5　⑬365　⑭1825
⑮（65＋66＋64＋67＋63）　⑯5
⑰325　⑱65　⑲65　⑳7800
㉑78

問題を解いてみよう！

▶本冊 P.80

1 (1)25g　(2)208.5cm　(3)2.2点
(4)100mL　(5)2.9m　(6)0.4秒

解説
(1)（25＋24＋28＋23＋25＋24＋26）÷7＝175÷7＝25(g)

大切（平均）＝（合計）÷（個数）で求め

ることができます。

(2) (208＋207＋209＋210)÷4＝834÷4＝208.5(cm)

(3) (4＋2＋0＋3＋2)÷5＝11÷5＝2.2(点)

(4) (97＋101＋98＋103＋101＋100)÷6＝600÷6＝100(mL)

(5) (2.7＋2.5＋2.9＋3.5＋2.6＋3.2)÷6＝17.4÷6＝2.9(m)

(6) (0.33＋0.41＋0.37＋0.46＋0.43＋0.45＋0.35)÷7
＝2.8÷7＝0.4(秒)

2 (1)1240分間 (2)40分間
(3)14600分間 (4)243時間20分

解説

(1)20時間＝(20×60)分＝1200分
よって，1200＋40＝1240(分間)
(2)(1)より，1240÷31＝40(分間)
(3)(2)より，40×365＝14600(分間)
(4)(3)より，14600÷60＝243あまり20
よって，243時間20分

3 (1)438km (2)35日間

解説

(1) 1.2×365＝438(km)
(2)42÷1.2＝35(日間)

24 単位量あたりの大きさ

要点まとめ ▶本冊 P.82

①多い ②B ③小さい ④C ⑤60
⑥5 ⑦20 ⑧6 ⑨18 ⑩多い
⑪B ⑫12 ⑬3 ⑭36 ⑮4 ⑯40
⑰小さい ⑱B ⑲4 ⑳12 ㉑0.33
㉒3 ㉓10 ㉔0.3 ㉕多い ㉖B
㉗単位量 ㉘人口密度 ㉙km^2

25 速さ

要点まとめ ▶本冊 P.84

①50 ②9 ③5.6 ④80 ⑤16
⑥5 ⑦5 ⑧長い ⑨Aさん ⑩9
⑪50 ⑫0.18 ⑬16 ⑭80 ⑮0.2
⑯短い ⑰Aさん ⑱道のり ⑲時間
⑳㉑速さ，時間（順不同） ㉒道のり
㉓速さ ㉔時速 ㉕分速 ㉖秒速
㉗11 ㉘660 ㉙60 ㉚1 ㉛1000
㉜車 ㉝60 ㉞60 ㉟3600

問題を解いてみよう！ ▶本冊 P.86

1 (1)時速30km (2)時速25km
(3)分速85m (4)秒速12cm

解説

(1)90÷3＝30より，時速30kmです。
(2)200÷8＝25より，時速25kmです。
(3)1360÷16＝85より，分速85mです。
(4)60÷5＝12より，秒速12cmです。

2 (1)200km (2)660m
(3)18000m(18km) (4)320m

解説

(1)40×5＝200(km)
(2)60×11＝660(m)
(3)1時間＝60分より，
300×60＝18000(m)
(4)16×20＝320(m)

3 (1)分速2160m (2)時速約130km
(3)チーター

解説

(1)1分＝60秒より，36×60＝2160となり，分速2160mです。
(2)1時間＝60分より，(1)から，
2160×60＝129600，
129600m＝129.6kmであり，上から

3けたのがい数で表すと，時速約130km
です。
(3)(2)より，チーターのほうが速いです。

4 秒速5m

解説

100÷20＝5より，秒速5mになります。

5 (1)秒速11m　(2)5分

解説

(1)660÷60＝11より，秒速11mになります。
(2)うさぎは分速660mで走ります。
3km300m＝3300mなので，
3300÷660＝5(分)

④章 図形

26 図形の性質①

要点まとめ ▶本冊 P.88

①三角形 ②四角形 ③辺 ④頂点
⑤直角 ⑥長方形
⑦⑧㋐，㋒（順不同） ⑨正方形
⑩⑪㋑，㋓（順不同）
⑫直角三角形 ⑬㋑ ⑭㋔ ⑮㋓ ⑯㋐
⑰㋒ ⑱㋑ ⑲二等辺三角形 ⑳２
㉑正三角形 ㉒３

27 図形の性質②

要点まとめ ▶本冊 P.90

①垂直 ②垂直 ③平行
④⑤㋑，㋒（順不同） ⑥㋕ ⑦台形
⑧平行四辺形 ⑨等しくなって
⑩等しくなって ⑪ひし形
⑫等しくなって ⑬× ⑭× ⑮×
⑯○ ⑰× ⑱○ ⑲○ ⑳○ ㉑×
㉒○ ㉓× ㉔○

問題を解いてみよう！ ▶本冊 P.92

1 (1)㋕ (2)㋒ (3)㋐と㋓（順不同）
(4)㋐と㋓（順不同）

解説

(1)㋑と㋕が交わってできる角が直角なので，２直線は垂直になります。

大切 ２本の直線が交わってできる角が直角のとき，直線は垂直になります。

(2)㋑と㋒は㋕に対してそれぞれ垂直なので，２直線は平行になります。

(3)㋔と交わってできる角が直角なのは，㋐と㋓です。

(4)㋐と㋓は㋔に対してそれぞれ垂直なので，２直線は平行になります。

2 (1)㋐と㋑（順不同） (2)㋒ (3)㋑

解説

(1)２組の辺が平行な四角形を選びます。

大切 向かい合った２組の辺が平行な四角形を平行四辺形といいます。

(2)１組の辺が平行な四角形を選びます。

大切 向かい合った１組の辺が平行な四角形を台形といいます。

(3)４つの辺がすべて等しい四角形を選びます。

大切 ４つの辺がすべて等しい四角形は，ひし形の他に正方形もあります。

3 (1)10cm (2)7cm (3)120° (4)60°

解説

(1)辺BCに向かい合う辺は辺ADなので，10cmです。

大切 平行四辺形は，向かい合う辺の長さが等しいという特ちょうをもっています。

(2)辺DCに向かい合う辺は辺ABなので，7cmです。

(3)角Aに向かい合う角は角Cなので，120°です。

大切 平行四辺形は，向かい合う角の大きさが等しいという特ちょうをもっています。

(4)角Dに向かい合う角は角Bなので，60°です。

4 (1)長方形 (2)ひし形 (3)正方形

解説

(1)対角線がそれぞれ真ん中で交わっており，２本の対角線の長さが等しくなっているので，長方形になります。

(2)対角線がそれぞれ真ん中で交わっており，２本の対角線が垂直であるので，ひし形になります。
(3)対角線がそれぞれ真ん中で交わっており，2本の対角線の長さが等しく，垂直であるので，正方形になります。

28 拡大・縮小

要点まとめ ▶本冊 P.94

①等しくなって ②DF ③CB ④4
⑤等しくなって ⑥D ⑦C ⑧43°
⑨F ⑩台形 ⑪ひし形 ⑫拡大図
⑬縮図 ⑭角の大きさ ⑮辺の長さ

問題を解いてみよう! ▶本冊 P.96

1 (1)辺HG (2)角G (3)点E (4)8cm
(5)6cm (6)105° (7)81°

解説
(1)点Aに対応する点は点H，点Dに対応する点は点Gなので，辺ADに対応する辺は，辺HGになります。
(2)角Dに対応する角は，角Gになります。
(3)点Bに対応する点は，点Eになります。
(4)辺EFに対応する辺は辺BCなので，8cmです。
(5)辺EHに対応する辺は辺BAなので，6cmです。
(6)角Hに対応する角は角Aなので，105°です。
(7)角Cに対応する角は角Fなので，81°です。

2 (1)辺GH (2)2倍 (3)$\frac{1}{2}$ (4)辺EH
(5)8cm (6)3cm (7)83°

解説
(1)点Cに対応する点は点G，点Dに対応する点は点Hとなるので，辺CDに対応する辺は，辺GHになります。
(2)辺DCに対応する辺は辺HGなので，
$4 \div 2 = 2$(倍)になります。
(3)(2)より，$2 \div 4 = \frac{1}{2}$です。
(4)点Aに対応する点は点E，点Dに対応する点は点Hとなるので，辺ADに対応する辺は，辺EHになります。
(5)辺BCに対応する辺は辺FGなので，
$4 \times 2 = 8$(cm)になります。
(6)辺EFに対応する辺は辺ABなので，
$6 \times \frac{1}{2} = 3$(cm)になります。
(7)角Fに対応する角は角Bなので，83°です。

29 三角形・四角形の面積

要点まとめ ▶本冊 P.98

①平方センチメートル ②横 ③1辺
④1辺 ⑤7 ⑥35 ⑦6 ⑧36
⑨長方形 ⑩4 ⑪6 ⑫4 ⑬6
⑭24 ⑮高さ ⑯高さ ⑰2 ⑱BC
⑲AD ⑳5 ㉑4 ㉒2 ㉓10
㉔下底 ㉕高さ ㉖8 ㉗5 ㉘30
㉙2 ㉚10 ㉛2 ㉜35 ㉝10
㉞140

問題を解いてみよう! ▶本冊 P.100

1 (1)96cm^2 (2)49cm^2 (3)42cm^2
(4)24cm^2 (5)40cm^2 (6)30cm^2

解説
(1)$8 \times 12 = 96$(cm^2)
大切 (長方形の面積)=(縦)×(横)
(2)$7 \times 7 = 49$(cm^2)
大切 (正方形の面積)=(1辺)×(1辺)
(3)$7 \times 6 = 42$(cm^2)
大切 (平行四辺形の面積)
=(底辺)×(高さ)
(4)$3 \times 8 = 24$(cm^2)
(5)$10 \times 8 \div 2 = 40$(cm^2)

大切 (ひし形の面積)
=(対角線)×(対角線)÷2

(6) (5+7) ×5÷2=30(cm²)

大切 (台形の面積)
={(上底)+(下底)}×(高さ)÷2

2 (1)3×4+3×6
(2) (3+3)×6−3×(6−4)
(3)30cm²

解説
(1)長方形AHEFとHBCDに分けて考えるので,3×4+3×6になります。
(2)正方形ABCGの面積から長方形FEDGの面積をひけばよいので,
(3+3)×6−3×(6−4) になります。
(3)(1)より,3×4+3×6=12+18
=30(cm²) です。

3 約120cm²

解説
底辺16cm, 高さ15cmの三角形の面積と考えることができるので,
16×15÷2=120より, 約120cm²です。

30 多角形・円・球

要点まとめ ▶本冊 P.102

①半径 ②直径 ③2 ④円の中心
⑤長く ⑥円 ⑦大きく ⑧六角形
⑨多角形 ⑩正五角形 ⑪正多角形
⑫9 ⑬360 ⑭9 ⑮40 ⑯直径
⑰円周率 ⑱直径 ⑲半径 ⑳半径

31 角度

要点まとめ ▶本冊 P.104

①2 ②3 ③度(°) ④角度 ⑤45°
⑥45° ⑦90° ⑧60° ⑨90°
⑩30° ⑪90° ⑫180°
⑬360° ⑭180° ⑮360° ⑯三角形
⑰1 ⑱2 ⑲3 ⑳180° ㉑360°
㉒540° ㉓4 ㉔5 ㉕6 ㉖720°
㉗900° ㉘1080°

問題を解いてみよう! ▶本冊 P.106

1 (1)105° (2)60° (3)325°
(4)270°

解説
(1)60°+45°=105°

大切 45°, 45°, 90°の三角定規と30°, 60°, 90°の三角定規があります。

(2)90°−30°=60°
(3)360°−35°=325°
(4)180°+90°=270°

2 (1)20° (2)56° (3)70°
(4)121° (5)35° (6)28°

解説
(1)132°+28°=160°
180°−160°=20°
(2)180°−107°=73°
73°+51°=124°
180°−124°=56°

別解
三角形では, 右下の図のように,
㋐+㋑=㋒が成り立つので, 51°+㋑=107°
㋑=107°−51°
=56°

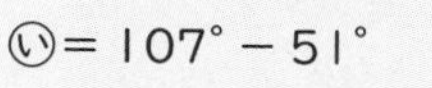

(3)127°+68°+95°=290°
360°−290°=70°
(4)116°+83°+102°=301°
360°−301°=59°
180°−59°=121°
(5)180°−110°=70°
70°÷2=35°

大切 二等辺三角形の2つの角の大きさは等しいです。

(6) $76° \times 2 = 152°$

$180° - 152° = 28°$

3 (1) 1260° (2) 120° (3) 59°

解説

(1)右の図のように九角形は三角形が7つできるので，九角形の9つの角の和は，

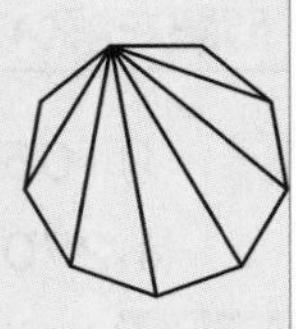

$180° \times 7 = 1260°$ になります。

(2)右の図のように正六角形は三角形が4つできるので，正六角形の6つの角の和は，

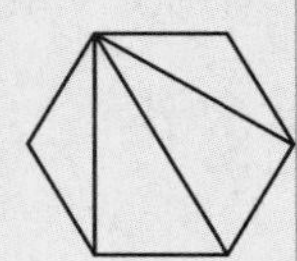

$180° \times 4 = 720°$ になります。

正六角形は同じ大きさの角が6つあるので，正六角形の1つの角の大きさは，

$720° \div 6 = 120°$ になります。

(3)五角形は三角形が3つできるので，五角形の5つの角の和は，

$180° \times 3 = 540°$

$104° + 135° + 90° + 152° = 481°$

よって，$540° - 481° = 59°$

32 対称（たいしょう）な図形

要点まとめ ▶本冊 P.108

①線対称 ②等しくなって ③合同 ④AF ⑤E ⑥B ⑦垂直 ⑧等しくなって ⑨点対称 ⑩等しくなって ⑪合同 ⑫○ ⑬1 ⑭× ⑮× ⑯○ ⑰× ⑱○ ⑲2 ⑳○ ㉑○ ㉒2 ㉓○ ㉔○ ㉕3 ㉖× ㉗○ ㉘4 ㉙○ ㉚○ ㉛5 ㉜× ㉝○ ㉞6 ㉟○ ㊱○ ㊲7 ㊳×

33 立体図形の性質①

要点まとめ ▶本冊 P.110

①直方体 ②立方体 ③平面 ④6 ⑤2 ⑥3 ⑦12 ⑧4 ⑨3 ⑩8 ⑪6 ⑫12 ⑬8 ⑭展開図 ⑮垂直 ⑯平行 ⑰垂直 ⑱⑲FG, HG（順不同） ⑳平行 ㉑4 ㉒3 ㉓垂直 ㉔㋐ ㉕平行 ㉖㋕ ㉗直方体

34 立体図形の性質②

要点まとめ ▶本冊 P.112

①角柱 ②底面 ③側面 ④平行 ⑤長方形 ⑥三角柱 ⑦四角柱 ⑧五角柱 ⑨3 ⑩4 ⑪5 ⑫6 ⑬5 ⑭6 ⑮7 ⑯8 ⑰9 ⑱12 ⑲15 ⑳18 ㉑6 ㉒8 ㉓10 ㉔12 ㉕円柱 ㉖底面 ㉗円 ㉘高さ ㉙㉚IF, HG（順不同） ㉛2 ㉜B ㉝AB ㉞DC ㉟3 ㊱円周 ㊲2 ㊳2 ㊴6.28

35 立体図形の体積①

要点まとめ ▶本冊 P.114

①立方センチメートル ②高さ ③4 ④84 ⑤1辺 ⑥1辺 ⑦1辺 ⑧3 ⑨3 ⑩3 ⑪27 ⑫⑬5, 3（順不同） ⑭75 ⑮⑯8, 3（順不同） ⑰120 ⑱195 ⑲⑳8, 6（順不同） ㉑240 ㉒3 ㉓3 ㉔45 ㉕195 ㉖立方メートル ㉗100 ㉘100 ㉙100 ㉚1000000 ㉛100 ㉜1 ㉝1000 ㉞1 ㉟1 ㊱1

問題を解いてみよう！

▶本冊 P.116

1 (1)$54cm^3$ (2)$125cm^3$

解説

(1)$6\times3\times3=54(cm^3)$

大切 (直方体の体積)＝(縦)×(横)×(高さ)

(2)$5\times5\times5=125(cm^3)$

大切 (立方体の体積)＝(1辺)×(1辺)×(1辺)

2 (1)$1000000cm^3$ (2)$1m^3$

解説

(1)$200\times100\times50=1000000(cm^3)$

(2)$1000000cm^3=1m^3$より，$1m^3$

3 $600cm^3$

解説

上の直方体と下の直方体に分けて考えると，$10\times6\times4+10\times9\times4$
$=240+360=600(cm^3)$

4 (1)20cm (2)20cm (3)30cm
(4)$12000cm^3$ (5)12L

解説

(1)$22-2=20(cm)$

(2)$22-2=20(cm)$

(3)$31-1=30(cm)$

(4)(1)～(3)より，
$20\times20\times30=12000(cm^3)$

(5)$1000cm^3=1L$より，$12000cm^3=12L$

36 立体図形の体積②

要点まとめ

▶本冊 P.118

①底面積 ②高さ ③④3，2(順不同)
⑤30 ⑥15 ⑦1 ⑧3 ⑨15
⑩10 ⑪80 ⑫4 ⑬2 ⑭2 ⑮2
⑯12.56 ⑰5 ⑱62.8 ⑲30 ⑳2
㉑50 ㉒15000

問題を解いてみよう！

▶本冊 P.120

1 (1)$220cm^3$ (2)$750cm^3$
(3)$56.52cm^3$ (4)$4710cm^3$

解説

(1)$8\times5\div2\times11=220(cm^3)$

(2)底面積は $15\times6\div2+15\times4\div2$
$=45+30=75(cm^2)$ より，
$75\times10=750(cm^3)$

大切 (角柱の体積)＝(底面積)×(高さ)

(3)$3\times3\times3.14\times2=56.52(cm^3)$

大切 (円柱の体積)
＝(底面積)×(高さ)
＝(半径)×(半径)×(円周率)×(高さ)

(4)底面を円の$\frac{1}{2}$の円とすると，半径は
$20\div2=10(cm)$ より，底面積は
$10\times10\times3.14\div2=157(cm^2)$ となります。よって，求める体積は，
$157\times30=4710(cm^3)$

2 (1)$34cm^2$ (2)$136cm^3$

解説

(1)上下の長方形に分けて考えると，
$(5-3)\times5+3\times8=10+24$
$=34(cm^2)$ です。

(2)(1)より，$34\times4=136(cm^3)$

3 (1)約$7200m^3$ (2)約$9420m^3$

解説

(1)$10\times24\times30=7200$より， 約$7200m^3$となります。

(2)底面は半径10mの円とみなせるので，
$10\times10\times3.14\times30=9420$より，
約$9420m^3$となります。

❺章 データの活用

37 グラフ

要点まとめ ▶本冊 P.122

①その他 ②8 ③6 ④3 ⑤3
⑥ラーメン ⑦6 ⑧単位 ⑨表題
⑩折れ線グラフ ⑪月 ⑫気温 ⑬1
⑭32 ⑮⑯2, 12（順不同） ⑰6 ⑱6
⑲8 ⑳8 ㉑3 ㉒4

38 表

要点まとめ ▶本冊 P.124

①サッカー ②バドミントン
③ドッジボール ④かけっこ ⑤5
⑥6 ⑦2 ⑧サッカー
⑨バドミントン ⑩6 ⑪1 ⑫7 ⑬3
⑭3 ⑮6 ⑯1 ⑰4 ⑱5 ⑲1
⑳1 ㉑2 ㉒11 ㉓9 ㉔4 ㉕4
㉖8 ㉗5 ㉘2 ㉙7 ㉚9 ㉛6
㉜15 ㉝4 ㉞8

問題を解いてみよう！ ▶本冊 P.126

1 (1)

種類	算数	体育	図画工作	音楽	国語
人数（人）	10	8	4	2	1

(2)算数 (3)10人

(4)

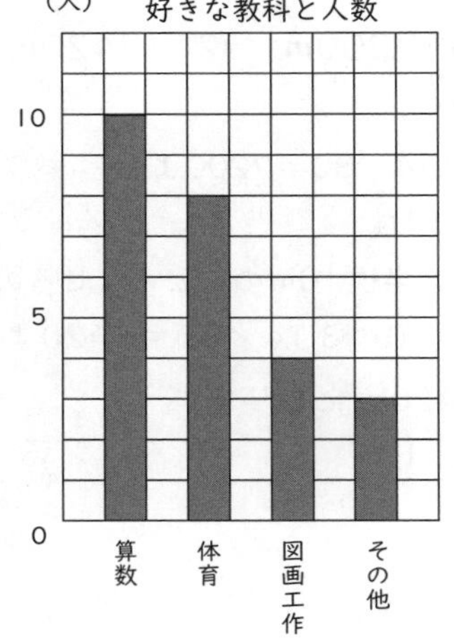

解説

(1)数えるときは，「正」の字を使って整理するようにしましょう。
(2)(1)で完成させた表から，いちばん人数の多い教科は10人の算数です。
(3)(1)で完成させた表から，算数と答えた人数は10人になります。
(4)(1)の表をもとに表します。その他は音楽の2人と国語の1人をあわせて，2＋1＝3(人) です。

2 (1) （人）

		学年					合計
		6年生	5年生	4年生	3年生	2年生	
種類	小説	3	2	1	0	0	6
	絵本	0	0	1	1	3	5
	自然科学	1	1	0	0	0	2
	歴史	0	0	0	1	0	1
	哲学	0	0	1	0	0	1
合計		4	3	3	2	3	15

(2)3人 (3)2人 (4)2人 (5)2年生

解説

(1)数えるときは，「正」の字を使って整理するようにしましょう。
(2)(1)で完成させた表から，6年生で小説を借りた人数は3人です。
(3)(1)で完成させた表から，自然科学の本を借りた人数は，自然科学の合計を見ればいいので，2人です。
(4)(1)で完成させた表から，3年生で本を借りた人数は，3年生の合計を見ればいいので，2人です。
(5)(1)で完成させた表から，絵本を借りた人の人数は，6年生は0人，5年生は0人，4年生は1人，3年生は1人，2年生は3人なので，絵本を借りた人がいちばん多い学年は，2年生です。

39 帯グラフや円グラフ

要点まとめ ▶本冊 P.128

①30 ②200 ③15 ④22 ⑤200

⑥11　⑦理科　⑧62　⑨12
⑩図画工作　⑪82　⑫89　⑬7　⑭50
⑮2　⑯14　⑰7　⑱2　⑲48　⑳22
㉑70　㉒84　㉓14　㉔46　㉕2
㉖26　㉗10　㉘26　㉙0.26　㉚150
㉛39　㉜10　㉝0.1　㉞150　㉟15

問題を解いてみよう！　▶本冊 P.130

1　(1)35　(2)27

(3)

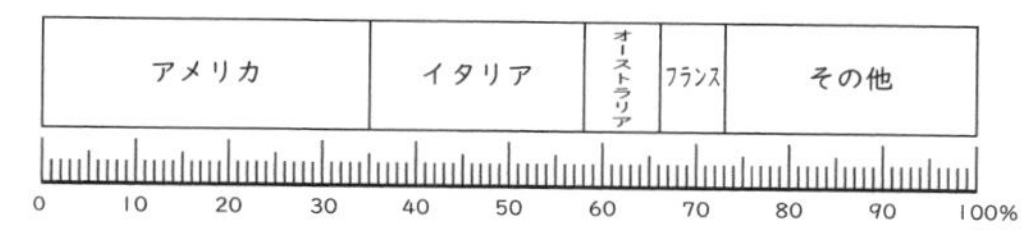

(4)約3倍

解説

(1)42 ÷ 120 × 100 = 35(%)

(2)32 ÷ 120 × 100 = 26.6…より，$\frac{1}{10}$の位で四捨五入して，27%になります。

(3)表の割合の数値分，めもりをとって，めもりの数えまちがいに気をつけながら帯グラフをかいていきます。

(4)23 ÷ 8 = 2.875より，$\frac{1}{10}$の位で四捨五入して，約3倍になります。

2　(1)21%　(2)2倍　(3)21%
(4)約11倍　(5)18人

解説

(1)めもりが23から44までなので，
44 − 23 = 21(%) になります。

(2)ピンクの割合は，めもりが44から62までなので，62 − 44 = 18(%) になります。茶色の割合は，めもりが73から82までなので，82 − 73 = 9(%) になります。
よって，18 ÷ 9 = 2(倍) です。

(3)めもりが54から75までなので，
75 − 54 = 21(%)

(4)黒の割合は，54%です。緑の割合は，めもりが85から90までなので，
90 − 85 = 5(%) です。
よって，54 ÷ 5 = 10.8より，$\frac{1}{10}$の位で四捨五入して，約11倍になります。

(5)緑の割合は，めもりが82から88までなので，88 − 82 = 6(%) です。
6% = 0.06だから，
300 × 0.06 = 18(人) になります。

40 データの調べ方

要点まとめ　▶本冊 P.132

①ドットプロット　②③11，12（順不同）
④1　⑤20　⑥9　⑦最頻値
⑧15　⑨3　⑩平均値　⑪度数分布表
⑫6　⑬15　⑭20　⑮階級
⑯階級の幅　⑰度数　⑱ヒストグラム
⑲中央値　⑳8　㉑15　㉒代表値

問題を解いてみよう！　▶本冊 P.134

1　(1)4人　(2)10回　(3)19回
(4)13回　(5)12回

解説

(1)ドットプロットの10回のところを見ると，①，⑫，⑭，⑰の4人います。

(2)最も多く出てくる値は，4人の10回です。

(3)いちばん多く図書館に行っているのは，⑧の19回になります。

(4)⑯の人は，ドットプロットの13回のめもりにいるので，13回になります。

(5)中央値は小さいほうから10番めと11番めの平均値です。小さいほうから10番めは12回，11番めも12回なので，中央値は12回です。

大切　データの数が奇数（きすう）の場合は，ちょうど真ん中の値が中央値になります。データの数が偶数（ぐうすう）の場合は，データの中央にある2つの値の平均値が中央値になります。

2 (1)(上から)0, 4, 10, 6, 0　(2)5回
(3)10回以上15回未満の階級
(4)30%
(5)

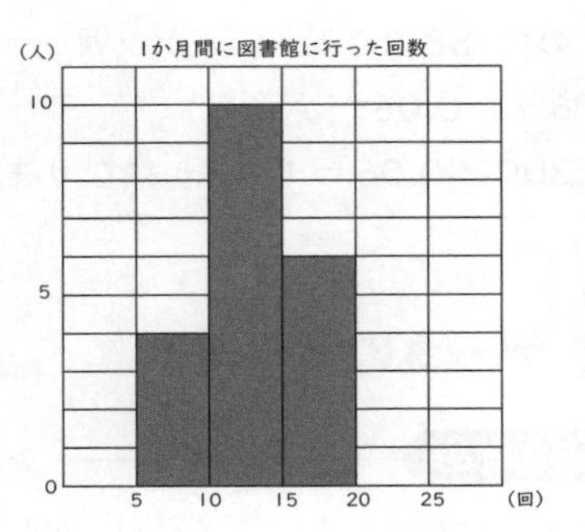

解説

(1)ドットプロットから, 5回以上10回未満の人は, ③, ⑥, ⑮, ⑱の4人です。
10回以上15回未満の人は, ①, ⑦, ⑩, ⑪, ⑫, ⑬, ⑭, ⑯, ⑰, ⑳の10人です。
15回以上20回未満の人は, ②, ④, ⑤, ⑧, ⑨, ⑲の6人です。
0回以上5回未満の人と, 20回以上25回未満の人は0人です。
(2)$10-5=5$(回)
(3)10回以上15回未満の階級は10回をふくみ, 15回はふくみません。
(4)$6\div20\times100=30$(%)
(5)ヒストグラムの5〜10回に4めもり, 10〜15回に10めもり, 15〜20回に6めもりをかきましょう。

41 起こりうる場合

要点まとめ ▶本冊 P.136

①②Cさん, Dさん（順不同）　③Dさん
④ADCB　⑤6　⑥24　⑦樹形図
⑧B　⑨C　⑩10　⑪10　⑫10

問題を解いてみよう! ▶本冊 P.138

1 (1)54　(2)12通り　(3)6通り
(4)6通り

解説

(1)2, 3, 4, 5の中から, いちばん大きい数字と, 2番めに大きい数字を選べばいいので, 4と5を選びます。4と5でできる数は, 45と54ですが, 54のほうが大きい数なので, 答えは54になります。
(2)2けたの整数は, 23, 24, 25, 32, 34, 35, 42, 43, 45, 52, 53, 54の12通りできます。

大切　並べ方を調べるときは, 図や表に表して, 順序よく調べます。

(3)40より大きい2けたの整数は, 42, 43, 45, 52, 53, 54の6通りになります。
(4)偶数(ぐうすう)になる2けたの整数は, 24, 32, 34, 42, 52, 54の6通りです。

2 8通り

解説

1回めが表の場合の出方は4通りあるので, 1回めが裏の場合も4通りあり, $4\times2=8$(通り)になります。

3 (1)4通り　(2)6通り　(3)4通り
(4)12通り

解説

(1)A, B, C, Dの4通りです。
(2)AB, AC, AD, BC, BD, CDの6通りです。

大切　組み合わせが同じものは消していきます。

(3)ABC, ABD, ACD, BCDの4通りです。
(4)Aさんが代表のとき, 副代表の選び方はB, C, Dの3通り, B, C, Dさんが代表のときも同じように3通りずつあるので, $3\times4=12$(通り)です。

4 12通り

解説

㋐の選び方は3通り, ㋑の選び方は㋐で選

んだものそれぞれに対して２通りずつ，ⓤ
の選び方はⓐとⓘで選んだものそれぞれに
対して２通りずつあるので，
３×２×２＝12(通り）です。

完成テスト

1 数と式

おもな問題内容 整数の計算，小数の計算，分数の計算，いろいろな計算

(1)1300　(2)1185　(3)12
(4)0.48　(5)1　(6)$\frac{28}{25}\left(1\frac{3}{25}\right)$
(7)1800

解説

(1)
$$\begin{array}{r} 476 \\ +824 \\ \hline 1300 \end{array}$$

大切 たし算の筆算は位ごとに分けて計算します。くり上がりに注意しましょう。

まちがえたら▶本冊 P.10

(2)
$$\begin{array}{r} 3040 \\ -1855 \\ \hline 1185 \end{array}$$

大切 ひき算の筆算は位ごとに分けて計算します。くり下がりに注意しましょう。

まちがえたら▶本冊 P.10

(3)
$$\begin{array}{r} 12 \\ 85\overline{)1020} \\ 85 \\ \hline 170 \\ 170 \\ \hline 0 \end{array}$$

まちがえたら▶本冊 P.14

(4)
$$\begin{array}{r} 0.8 \\ \times 0.6 \\ \hline 0.48 \end{array}$$

大切 小数のかけ算はまず小数点がないものとして計算してから小数点をつけます。小数点の位置に気をつけましょう。

まちがえたら▶本冊 P.30

(5) $\frac{1}{2}+\frac{2}{3}-\frac{1}{6}=\frac{3}{6}+\frac{4}{6}-\frac{1}{6}$
$=\frac{7}{6}-\frac{1}{6}$
$=\frac{6}{6}$
$=1$

大切 分数のたし算，ひき算は，まず初めに通分をして，分母をそろえてから計算しましょう。

まちがえたら▶本冊 P.36

(6) $\frac{7}{10}\div\frac{5}{8}=\frac{7\times\cancel{8}^{4}}{\cancel{10}_{5}\times5}=\frac{28}{25}\left(1\frac{3}{25}\right)$

大切 分数のわり算は，わる数の逆数をかけます。

まちがえたら▶本冊 P.40

(7) 計算のきまりを使って計算します。
$45\times18+55\times18=(45+55)\times18$
$=100\times18$
$=1800$

大切【計算のきまり】
(○＋△)×□＝○×□＋△×□
(○－△)×□＝○×□－△×□

まちがえたら▶本冊 P.44

2 数と式・変化と関係・測量

おもな問題内容 がい数，文字を用いた式，比，時間，割合，速さ

(1)46000　(2)$600-x=y$
(3)42枚
(4)午後5時25分　(5)240円
(6)分速75m

解説

(1) 上から3けたのがい数に表すには，上から4けためのの十の位を四捨五入して，46000になります。

大切 四捨五入では，四捨五入する位の数が5，6，7，8，9だと四捨五入した位とそれより下の位は0になり，四捨五入した位の一つ上の位の数は1つ大きい数になります。

まちがえたら▶本冊 P.16

(2) (ジュースの全体の量)－(飲んだ量)＝(残りの量) より，$600-x=y$になります。

大切 わからない数はxやyなど文字にして表し，式をたてます。

まちがえたら▶本冊 P.48

(3) 妹が分けてもらえる折り紙の枚数と折り紙の全体の枚数を比で表すと，

6：(7＋6)＝6：13となります。

全体の折り紙の枚数は91枚なので，妹の分けてもらえる折り紙の枚数をx枚とすると，6：13＝x：91になります。

91は13の7倍なので，妹の分けてもらえる折り紙の枚数は，6×7＝42(枚)となります。

まちがえたら▶本冊 P.52

(4) 同じ単位どうし計算することができるので，45＋40=85(分)

60分＝1時間なので，午後4時45分の40分後の時刻は，午後5時25分となります。

大切 1分＝60秒，
1時間＝60分，
1日＝24時間

まちがえたら▶本冊 P.68

(5) 300円の20%の値段は，20%を小数で表すと0.2より，300×0.2＝60(円)になります。

これを300円からひくので，
300－60＝240(円) となります。

大切 割合は百分率で表すことがあります。20%は，割合にすると0.2になります。

まちがえたら▶本冊 P.74

(6) (速さ) ＝ (道のり) ÷ (時間) なので，600÷8＝75(m)

よって，分速75mとなります。

大切 (速さ) ＝ (道のり) ÷ (時間)
(道のり) ＝ (速さ) × (時間)
(時間) ＝ (道のり) ÷ (速さ)

まちがえたら▶本冊 P.84

3 測量

おもな問題内容 平均

(1)61g (2)1830g

解説

(1) (平均) ＝ (全体の合計) ÷ (全体の個数) より，

(62＋59＋60＋64＋59＋62) ÷6
＝366÷6
＝61(g)

(2) (1)より，61×30＝1830(g)

大切 (平均)＝(全体の合計)÷(全体の個数)

まちがえたら▶本冊 P.78

4 変化と関係

おもな問題内容 比例

(1)比例している (2)$y=\frac{1}{10}\times x$
(3)80g

解説

(1) おもりの重さxgが2倍，3倍…，となると，ばねののび$y$cmも2倍，3倍…，となっているので，比例しています。

(2) 比例の式はy＝ (決まった数)×xなので，決まった数は，1÷10＝$\frac{1}{10}$となります。よって，xとyの関係を表す式は，$y=\frac{1}{10}\times x$となります。

(3) (2)の式に，ばねののびyの値8を入れると，$8=\frac{1}{10}\times x$より，おもりの重さxは，80gとなります。

大切 yがxに比例するとき，xの値でそれに対応するyの値をわった商は，いつも決まった数になります。この関係を，yをxの式で表すと，
y＝(決まった数)×xと表されます。

まちがえたら▶本冊 P.58

5 図形

おもな問題内容 面積

(1)6cm^2 (2)26cm^2

解説

(1) (三角形の面積) ＝ (底辺) × (高さ) ÷2 より，4×3÷2＝6(cm^2)

(2) (台形の面積)=(上底+下底) × (高さ) ÷2 より，(3＋10)×4÷2＝26(cm^2)

(大切) (三角形の面積)＝(底辺)×(高さ)÷ 2

(台形の面積)
＝(上底＋下底)×(高さ)÷ 2

(長方形の面積)＝(縦)×(横)

(正方形の面積)＝(1辺)×(1辺)

(ひし形の面積)＝
(一方の対角線)×(もう一方の対角線)÷2

(平行四辺形の面積)＝(底辺)×(高さ)

(円の面積)
＝(半径)×(半径)×(円周率)

まちがえたら▶本冊 P.98

6 図形

おもな問題内容 体積

(1)540cm^3 (2)169.56m^3

解説

(1) 底面積は，
(一方の対角線)×(もう一方の対角線)÷2で求めることができるので，
6×12÷2＝36(cm^2) となります。
高さが15cmなので，求める体積は，
36×15＝540(cm^3)

(大切) (直方体の体積)＝(縦)×(横)×(高さ)
＝(底面積)×(高さ)
(立方体の体積)
＝(1辺)×(1辺)×(1辺)

まちがえたら▶本冊 P.114

(2) 底面は半径が6÷2＝3(m) の円になります。したがって，底面積は，
3×3×3.14＝28.26(m^2) となります。
高さが6mなので，求める体積は，
28.26×6＝169.56(m^3)

(大切)
(角柱・円柱の体積) ＝ (底面積) × (高さ)

まちがえたら▶本冊 P.118

7 データの活用

おもな問題内容 データの調べ方

(1)21kg (2)23kg

解説

(1) 中央値は，記録が低い人から数えて10番めの人と11番めの人の記録の平均になります。10番めの人も11番めの人も値は21kgになるので，中央値は21kgになります。

(大切) 中央値は，データの数が奇数(きすう)のときは，データの値を順に並べたときの真ん中にある値が中央値になります。データの数が偶数(ぐうすう)のときは，データの値を順に並べたときの真ん中にある2つの値の平均が中央値になります。

(2) 最頻値は，データの中で最も多く（3人）出てくる値である，23kgになります。

(大切) 最頻値は，データの中で最も多く出てくる値になります。

まちがえたら▶本冊 P.132

8 データの活用

おもな問題内容 起こりうる場合

12通り

解説

4, 5, 6, 7のカードから2枚選ぶ選び方は，下のような樹形図で考えることができます。

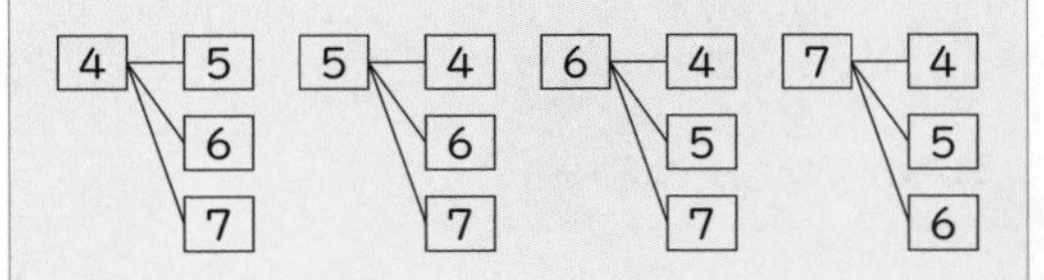

よって，2けたの整数は
3×4＝12(通り) になります。

(大切) 並べ方や組み合わせ方は，図や表に表して順序よく調べます。

まちがえたら▶本冊 P.136

小学校の算数のだいじなところがしっかりわかるドリル

のびしろチャート

完成テストの結果から，きみの得意分野とのびしろがわかるよ。中学に入ってからの勉強に役立てよう。

のびしろチャートの作り方・使い方

①分野ごとに正答できた問題数を点●でかきこもう。
②すべての分野に点●をかきこめたら，順番に線でつないでみよう。

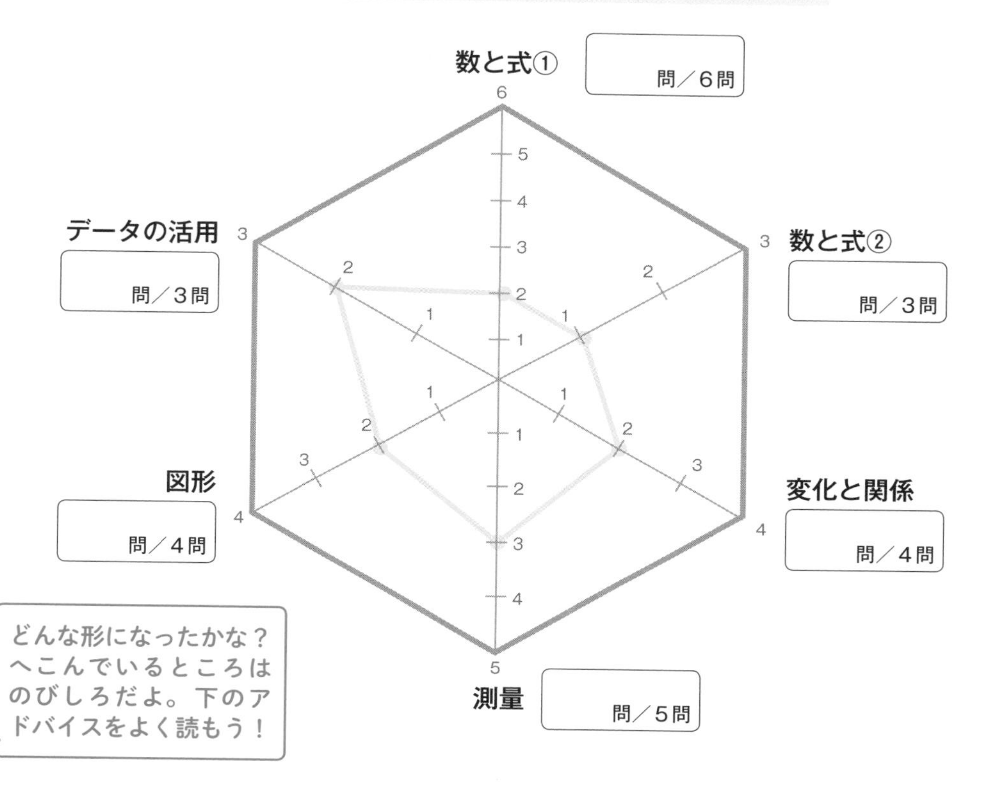

中学に入る前にしっかりわかる！ アドバイス

分野	問題	アドバイス
数と式①	1 (1)～(6)	計算したあとは消さないようにし、計算間違いをしていないか確認するようにしよう。
数と式②	1 (7) 2 (1) (2)	数や式の性質をしっかり理解しておこう。中学ではその性質を使った説明をすることがあるよ。
変化と関係	2 (3) 4	xの値が変化したときにyの値がどう変化するかがとても大切だよ。式やグラフの特ちょうを理解しよう。
測量	2 (4)～(6) 3	何を求めなければならないかしっかり理解し、よく文章を読んでから解くようにしよう。
図形	5 6	図形の面積，体積の公式をしっかり覚えておこう。中学では角すいや円すいといった新しい形も出てくるよ。
データの活用	7 8	図や表に表して、順序立てて解くようにしよう。中央値などは中学でもよく使うので、しっかり覚えておこう。